现代农业新技术丛书

板栗 核桃 高产优质栽培新技术

主　　编：唐世裔　杨逸廷
编著人员：唐世裔　钟少伟　何启茂　杨逸廷
　　　　　彭险峰　匡　青
图片摄影：钟少伟　向祖恒
组稿统稿：陈　勇

湖南科学技术出版社

图书在版编目(CIP)数据

板栗核桃高产优质栽培新技术/唐世裔,杨逸廷主编. ——长沙:湖南科学技术出版社,2015.1

(现代农业新技术丛书)

ISBN 978-7-5357-8259-5

Ⅰ.①板… Ⅱ.①唐…②杨… Ⅲ.①板栗-果树园艺②核桃-果树园艺 Ⅳ.①S664

中国版本图书馆 CIP 数据核字(2014)第 147533 号

现代农业新技术丛书

板栗核桃高产优质栽培新技术

主　　编:唐世裔　杨逸廷

责任编辑:陈澧晖

出版发行:湖南科学技术出版社

社　　址:长沙市湘雅路 276 号

http://www.hnstp.com

印　　刷:唐山新苑印务有限公司

(印装质量问题请直接与本厂联系)

厂　　址:河北省玉田县亮甲店镇杨五侯庄村东 102 国道北侧

邮　　编:064101

出版日期:2017 年 10 月第 1 版第 2 次

开　　本:850mm×1168mm　1/32

印　　张:3.25

字　　数:75000

书　　号:ISBN 978-7-5357-8259-5

定　　价:13.00 元

前　言

板栗、核桃是世界著名的两大坚果，是我国传统栽培的重要经济林树种之一。板栗素有“干果之王”的美称，核桃与扁桃、腰果、榛子并称为世界著名的“四大干果”。在我国，核桃已有2000多年栽培历史，板栗栽培历史更长，已有3000多年。它们在我国分布范围很广，东西南北中绝大部分省、市、自治区均有分布和栽培，是我国的特色出口果品，在国际市场上享有盛誉，每年可为国家换取大量外汇。板栗、核桃营养丰富，含有人体所必需的多种营养物质和微量元素，具有预防高血压、冠心病、动脉硬化等心血管疾病和养胃健脾、补肾强筋、延缓衰老等作用，是中老年人的理想保健果品。

板栗、核桃具有适应性强，用途广，抗旱力强，耐瘠薄，寿命长，管理比较粗放，适于大面积山区栽培，是很好的退耕还林、绿化美化环境、水土保持树种，是农民非常喜爱的“铁杆庄稼”。大力发展板栗、核桃产业，是建设高效林业、生态农业、复合农林业的需要；是造富农民，解决农村剩余劳动力出路的有效途径；是践行科学发展观，建设生态文明，解决“三农”问题的重要措施。

为解决当前广大农民和林业技术工作者对板栗和核桃高产栽培技术的实际需求，我们精心组织编写了《板栗 核桃高产优质栽培新技术》一书。本书参考了国内成熟的技术和最新研究成果及编著者20余年来的生产实践经验，在对板栗、核桃的分布、价值、生产现状、生物学特性、主要品种进行详细介绍的基础上，对板栗、核桃繁育技术、栽培技术、丰产培育技术、病虫害无公害防治技术、贮运与加工技术进行了全面的论述，其内容丰富，数据翔实，图文并茂，通俗易懂，实用性和可操作性强。适合广大农民、板栗和核桃生产者及从事科研、教学、培训、加工、经营人员阅读参考。

本书在编写中参阅和引用了有关学者、专家的著作和资料，在此深致谢意。鉴于本书涉及面广，专业性强，编者水平有限，加上时间仓促，不足之处在所难免，恳请广大读者批评指正，并提出宝贵意见。

编著者

2014年6月

目　录

上篇：板　栗

下篇：核　桃

上篇：板　栗

一、概　述

板栗，学名：Castanea mollissima，在植物分类学上属壳斗科（又称山毛榉科）栗属落叶乔木，是原产我国的一种经济林树种。据文献记载，我国已有3000多年栽培历史。板栗是一种营养价值较高的淀粉植物，素有“干果之王”的美誉。

（一）区域分布及生产概况

板栗在我国各省市自治区均有分布。从海拔50m的沿海平原，到海拔2800m的高原、山地均有板栗的生长和栽培。其主要产区集中在华北和西北，以及长江流域各省、市。华北的燕山及太行山区是我国板栗出口的主要商品生产基地，尤其是“燕山板栗”，以其玲珑的外形，鲜艳的色泽，甜、香、糯俱佳的品质特征和涩皮易脱，便于加工等特点而扬名世界，在国际市场上被称为“甘栗”和“东方珍珠果”。我国板栗年出口量约3万吨，主销日本、韩国和东南亚等国家。

我国板栗不仅品质居世界之首，而且产量也居世界第一位，年产60多万吨，以河北省居全国之首，占全国产量的1/3，山东占13%，湖北占9%，其次是辽宁、北京、安徽、湖南、重庆等地。我国板栗抗病力强，深受国外市场青睐，多数国家从我国引进板栗的优良品种，用以培育抗病、优质、抗旱、耐瘠薄的新品种。国外品种以欧洲栗、美洲栗、日本栗为主，其中欧洲栗最多，约占世界总产量的50%。

（二）功能价值

1. 营养价值

据分析测定，板栗果肉含水量为40%左右，含蛋白质5.7%～10.7%，脂肪2%～7.4%，淀粉50%左右，并含人体必需的多种维生素（维生素A、维生素B_1、维生素B_2、维生素C）和矿物质（磷、钾、钙、镁、铁、锌、硼等）。板栗主要营养成分是淀粉和糖类物质，与大米、豆类相似，都是同一类型的食物资源。栗果产生的热量与大米、面粉等粮食相近，可以作为粮食代用品，所以板栗又被称为木本粮食作物、"铁杆庄稼"。

板栗的蛋白质含量高于稻米，蛋白质中赖氨酸、异亮氨酸、半胱氨酸、苏氨酸、缬氨酸、苯丙氨酸、酪氨酸等氨基酸的含量超过FAO/WHO的标准，而赖氨酸是水稻、小麦、玉米和大豆类的第一缺少性氨基酸，苏氨酸是水稻、小麦的第二缺少性氨基酸，色氨酸和蛋氨酸分别是玉米和豆类的第二缺少性氨基酸。因此，食用板栗可以补充稻麦类和豆类中限制性氨基酸的不足，可使膳食的营养成分更加完善。

2. 药用价值

中医认为，栗果有养胃健脾、补肾强筋、活血止血的功效，并有益于高血压、冠心病的防治。在临床上，板栗可用于治疗反胃、泄泻、腰腿软弱、吐血、便血、痔疮等症。同时，板栗与其他中药材料配方，可制成治疗气管炎、肾虚、消化不良、腹泻、中风等疾病的药物。

3. 经济价值

板栗全身是宝，用途广泛，经济价值较高。栗子是人们喜爱的副食品之一，可鲜食、煮食、炒食、蒸食或作菜用等多种食法，味道鲜美芳香，堪称"舌尖上的佳味美食"，并且栗子加工的食品多种多样，如果脯、蜜饯、栗糕、栗粉、栗罐头、栗饮料以及栗补品。板栗食品的加工潜力很大，市场广阔，开发前景好。

板栗树木质坚硬，结构致密，耐腐、耐磨、耐压，适宜做枕木、造船、建筑、地板等；板栗树皮、壳斗和刺苞含单宁，可制烤胶、鞣料；枝叶是薪炭材原料，可作生物质颗粒和炭；栗木粉可培养食用菌；栗子雄花是很好的蜜源植物，花序可制农药，可驱蚊虫。

板栗树生长较快，寿命长，树冠大，耐旱、耐瘠薄，是造林绿化、美化环境、防风固沙、水土保持、退耕还林的经济林树种。“一代人栽栗，五代人受益。”其生态效益、社会效益和经济效益均为可观。

二、生物学特性

（一）形态特征

1. 根系

板栗树根系比较发达，可随土质深浅而生长，土深则根深叶茂，百年老树根深3m以上，土层较浅的山地根系水平方向生长发育，扩展宽度比冠幅约大2倍，百年老树可达20m以上。板栗树细根很多但根毛较少，在根的尖端有共生的菌根，扩大了根系的吸收面积，可以活化土壤中的矿物质营养，使不溶性铁、钙、磷酸盐被真菌吸收，还能分泌生长激素，如生长素、赤霉素和细胞分裂素等，有利于板栗生长发育。但板栗树粗根的再生能力较弱，不易产生不定芽而形成根蘖苗，因此在移苗和施肥时不要伤到粗根；细根再生能力强，有利于肥水的营养吸收。

2. 枝干

板栗是落叶阔叶乔木树种，自然生长的成龄树可高达15m以上，树围 2～3m，冠幅 15～20m。板栗树主干不明显，树冠开张，呈圆头形或扁圆头形，枝条疏生，树皮较粗。

3. 芽

板栗树芽有花芽、叶芽和隐芽 3 种。

（1）花芽。花芽有两种，一种能抽生带雌雄花序的结果枝，着生在粗壮枝的顶端，芽扁圆形，肥大；另一种抽生有雄花序的雄花枝，着生在粗壮枝条中部或细弱枝的顶端，芽较小，呈短三角形。

（2）叶芽。又称小芽，呈三角形，瘦小，萌发出短小发育枝和叶片。

（3）隐芽。又称休眠芽，着生在枝条基部，形状很小，潜伏在多年生的树干上，平时不萌发，在枝条受伤或重修剪时，能萌发长出徒长发育枝。板栗树寿命长与隐芽萌发力有关，老树的隐芽能长出新枝，使枝条更新而返老还童。

4. 枝条

板栗树枝条分结果枝、雄花枝、发育枝 3 种。

（1）结果枝。结果枝是指能生长果实的枝条，又称混合花枝。先在结果枝上开雄花和雌花，而后结果。结果枝着生在 1 年生枝的前端，从下到上分为 4 段：基部数节叶腋中为叶芽；中部 3～8 节叶腋中是雄花序；上部 2～3 节叶腋中生长雌花序；顶端 1～3 节叶腋中是混合花芽。

（2）雄花枝。雄花枝位于 1 年生枝的中部及弱枝的顶部，自下而上分为 3 段：第一段基部 4 节左右叶腋内有小芽；第二段中部 5～10 个芽着生雄花序，花序脱落后成空节，不再形成芽；第三段花前有几个小叶片，叶腋芽较小。

（3）发育枝。不产生雌雄花序的枝条称为发育枝。幼树在结果之前所有枝条都是发育枝，成年树有两类发育枝：一类是由隐芽发育的强枝，一般长 80cm 以上；另一类是枝条下部芽生长的弱枝。

5. 叶

板栗树叶为单叶，每节有一个叶片，着生两个托叶，叶片生长停止后脱落。叶片大小、形状、绒毛多少、叶缘锯齿形状等因品种不同而有所区别。叶色深浅反映板栗树的营养状况，深绿色叶片，光合效率高，能提供较多的营养物质。板栗叶序有 1/2 和 2/5 两种，一般小树结果之前为 1/2 叶序，结果树、嫁接后的幼树多为 2/5 叶序。

6. 花

板栗是雌雄异花同株果树，自花授粉结实不良，需异花授粉。花序为葇荑花序，雄花较雌花多。从雄花枝和结果枝上抽生出雄花序，长约 20cm，在雄花序上螺旋状排列着雄花簇，每簇 5～7 朵雄花，花簇聚集在一起形成穗状花序，每朵雄花有花被 5～6 片，中间有黄色雄蕊 10～12 个，花丝细长，花药卵形，每个花药有花粉数千粒。板栗的雄花很多，有特殊的腥气味，能引诱昆虫传授花粉；雄花序和雌花序的比约为 12∶1，而花朵之比为 2000∶1，雄花数量过多，会消耗大量营养。

雌花着生在结果枝前端雄花序的基部。生长雌花的雄花穗比较细短，一般着生 1～3 个雌花簇，也有 3 个以上的，多数为 2 个。雌花簇外边有总苞，总苞外有鳞片，而后发育成长刺束，其中有雌花 3 朵。雌花有柱头 8 个，露出苞外，子房为 8 室，每室有 2 个胚珠，1 个子房一般有 16 个胚珠，呈白色半透明状，以后有一个胚珠发育成胚，其他胚珠在受精半个月后败育。

7. 栗实

雌花簇进一步发育而形成果实，包括球苞和坚果两部分。球苞也称栗苞、栗棚或栗蓬。多数为椭圆形，球苞上有刺束，刺束的特征和球苞的厚薄因品种而异，成熟时球苞的重量约占果实总重量（包括坚果）的 50%，说明总苞消耗大量营养。高产品种一般总苞比较薄，出籽率比较高。

坚果也就是栗子，是由子房发育而成。一般一个球苞中着生3个果，也有双果和独果，少数有4个以上的。坚果大小因品种和管理条件而异。一般南方品种果粒较大，每粒重10～15g；北方品种果粒较小，每粒重6～8g。坚果的形状不一，中果两边因受果实发育挤压成平面，边果外侧为半圆形，如果是独果则呈圆形。坚果分果皮、种皮和果肉三部分。果皮是木质化的坚硬壳，有褐色、红褐色、红棕色、灰褐色等，果皮表面色泽、茸毛多少及有无光泽与品种有关，种皮在果皮与果肉之间，黄褐色，带有绒毛，又叫涩皮。

（二）生长发育特性

1. 花芽分化及开花习性

板栗属雌雄同芽异花，但其雌雄花分化期和分化持续日数相差很远，分化速度也不一样。雄花序在6月上中旬即在当年生新梢的3～4节自下而上分化，分化期长而缓慢，雄花原基的出现，以6月下旬至8月下旬为最盛，以后逐渐减少，在果实采收前处于停滞状态。但果实采收以后，落叶以前又继续分化，至11月中下旬进入休眠。雌花簇着生于果枝上部两性花序（混合花序）的基部。混合花序是春季分化出来的，萌动期芽内雏梢生长锥进入活跃的分化状态。当芽长到3～4cm时，首先长出大叶苞，叶苞内长出雌花簇。一般是雄花序开放8～10天后雌花才开放。雌花的柱头膨大，从总苞露出就是开花。授粉期是柱头突出后7～26天，最适期9～13天，雌花盛花的标志是柱头出齐反卷30°～45°角时，为最适宜授粉期。每个栗苞内一般有3朵雌花，同一花序边花较中心花晚开7～10天，因此，多次授粉才能提高坐果率。

2. 果实生长发育

栗子雌花包含在总苞中的3个子房经受精后发育成栗苞与果实。总苞成带刺的苞皮，子房成栗果，果仁是无胚乳种子，食用部分是肥厚的子叶，含有大量淀粉。果实的果皮下部位紧接着苞部，称为座。由树叶形成的养分和自根部吸收的营养、水分，都通过主干、枝、苞梗、座部的维管束供给果仁。

板栗的授粉期在6月上旬至下旬，历时20天左右。受精期在6月下旬至7月初。花粉（雄配子体）要在胚珠中停留15～20天，待雌配子体发育成熟后才能完成受精。受精后形成合子和初生胚乳核，幼胚出现于7月上旬，有绿豆粒大小，薄而透明。7月底以后子叶才开始明显增重，至8月中旬胚发育完全，胚乳吸收完毕。

果实中干物质的积累主要在最后一个月，尤其是采收前两周增重最快。待果实充分成熟后采收，对提高产量和质量具有重要的作用。

3. 根、茎、叶生长发育

根系的生长活动比地上部分开始早，结束迟。幼苗根系活动从4月初开始到10月下旬停止，共约200天。期间有两个生长高峰期，一个在地上部分旺盛生长后，即6月上旬；一个在枝条停止生长之前，即9月。成年板栗树活动期还要长一些。土温约8.5℃时开始活动，土温上升到23.6℃时生长最为旺盛，土壤深层的根系，到12月才停止活动。

成年板栗树新梢1年内有1次生长，只长春梢，顶梢形成花芽后不再萌发。幼树和旺树有2次生长，甚至花芽萌发形成两次开花。北京地区4月中旬气温达到15℃左右时，芽开始萌动吐绿，枝条形成层细胞活动，表现出树皮容易剥离。4月下旬芽很快萌发伸长和展叶。5月1日至5月20日是新梢生长的高峰期，这段时间生长量占总生长量的80％以上，以后逐渐缓慢。6月中旬前后顶端芽枯萎脱落，由第一腋芽代替顶芽。但是生长旺盛的枝条在7～8月进行第二次生长，形成秋梢，有些结果枝形成两次结果，枝条上形成一串雌花簇，但雄花序较少。温度高时有利于雌花的分化。

春天板栗树萌芽后很快展叶，枝条前端芽的叶片先展叶，生长快，下部芽展叶较晚。华北地区叶片旺盛生长期为5月10日至5

月25日，5月15日达到高峰，6月21日停止生长，生长期50天左右。随着叶片的生长，其厚度也逐渐增加，叶片表面的蜡质层不断加厚。

板栗树落叶期很长，秋季霜冻后开始落叶，生长势旺的幼树落得迟一些。嫁接树进入落叶期后及时落叶；实生的幼树一般不落叶，要到第二年春天才逐步落叶。

（三）对环境的要求

板栗树对气候、土壤条件的适应范围较广，但在我国亚热带地区果实生长发育的品质较差。板栗的生长发育与其他果树一样，与气温、地温、日照、降雨量、灾害性天气等气象因素有着密切关系。因此，在发展板栗生产时，必须考虑气候、土壤条件。

1. 气候条件

（1）温度：板栗适宜于年平均温度10.5℃～21.8℃，最高不超过39.1℃，最低不低于－24.5℃的地区。长江流域板栗的主要产区在湖北、湖南、安徽、江苏、浙江等地，年平均气温15℃～17℃，生育期平均气温22℃～24℃，最低气温0℃左右，这些地区温度高，生长期长，板栗生长势强，栗实大，产量较高，适合南方品种栽培。北方板栗主产区在河北、北京、山东、辽宁南部等地，年平均气温在8.5℃～10℃，生育期平均气温18℃～22℃，1月平均气温约－10℃。该地区气候冷凉，温差较大，日照充足，栗果含糖量高，风味香甜，高糯性，品质优良，是我国板栗出口的主要商品基地。

（2）雨量：北方板栗产区年降雨量在500～800mm，雨水较好的年份产量相对较高，干旱气候影响产量；南方板栗主产区气候多雨潮湿，年降雨量为1000～1800mm。

（3）光照：板栗属于喜阳树种，要求光照充足，特别是花芽分化期要求较高的光照条件。

2. 土壤条件

板栗适宜于有机质较多的沙质壤土中生长，有利于根系生长和产生大量菌根；在黏重、通气性差及常有积水的土壤中生长不良。

板栗对土壤酸碱度敏感，适宜范围是pH 4～7，最适宜范围是pH 5～6 的微酸性土壤。板栗是高锰植物，叶片中锰的含量达0.2%以上，明显超过其他果树；在碱性土壤中，叶片锰含量低于0.12%时，叶色失绿，代谢机能混乱，因此，板栗必须生长在酸性土壤中。

三、板栗的品种资源

（一）板栗的适生选种

由于我国地域辽阔，地跨热带、亚热带、温带和寒带，板栗品种由于自然选择和种子繁殖、人工栽培的原因，造成其后代具有复杂的双亲遗传性，单株之间遗传性状上严重分离，品种分布多样性显著，果实大小、品质和单株产量千差万别，像一个天然育种杂交选种园。大体上分为南方板栗和北方板栗及有显著特点的丹东栗。在我国栽培实践中，通过适生选种，选出适于当地栽培的优良品种，再通过嫁接法进行无性繁育。在长期的系统选育中，从初选、复选到决选栽培过程中选育出一批适应不同地理环境，具有地方特色的品种群，即具有明显区域性的优良品种。

（二）主要优良品种

1. 南方优良品种

南方气温高，湿度大，生长季长，因此，南方品种耐高温多湿，种皮易剥或稍难剥离，含糖量高，淀粉含量高，糯性差，偏粉质，适于菜用。现介绍几个优良品种如下：

（1）九家种。产吴县洞庭山，是江苏优良地方品种之一。由于优质丰产，果实耐贮藏，当地有“十家栽有九家种”的说法，亦因此而得名。

九家种树形较小而直立，树冠紧凑，枝条粗短。总苞扁椭圆形，针刺稀。栗果圆形，每500g约40粒。果肉质黏而甜，味香；9月下旬成熟，耐贮藏。该品种丰产性好，因树冠紧凑形小，适于密植和集约栽培，具有很好的发展前景。

（2）迟栗子。又称大红袍，原产安徽广德东北部，树姿开张，叶片宽而短，呈倒卵状椭圆形；总苞侧面呈倒梯形；果大，每500g约20粒；果皮紫褐色，有光泽，品质好，耐贮藏，丰产稳产；9月下旬到10月上旬成熟，有市场竞争潜力。

（3）它栗。原产湖南邵阳、武冈、新宁等地，栽培历史悠久。树形较矮小，树冠紧凑，总苞椭圆形，坚果形态整齐，平均果重13.2g，果皮棕褐色，少光泽，茸毛中等；品质优良，味甜，9月下旬成熟。它栗嫁接亲和力强，树冠矮，分枝低，发枝力强，连年结果性强，产量稳定，坚果耐贮藏。为湖南地方良种，广西、广东、江西、安徽、江苏等地引种表现丰产。

（4）浅刺大板栗。原产湖北秭归、宜昌两县，当地主栽品种，因总苞刺短，栗果大而得名。树形高大，叶片长椭圆形，叶片大；球苞刺束较短，分布稀，质硬；坚果较大，平均果重26.4g，最大果粒重34g以上，椭圆形，外果皮赤褐色；成熟期9月中旬。该品种产量高，果大味甜，品质优良，对病虫害抗性较强。

2. 北方优良品种

由于北方冬季寒冷，夏季温度较高，降雨量较少，昼夜温差大，光照充沛等环境条件，形成北方板栗具有耐寒、抗旱、喜光照的特性。

（1）红油皮栗。产于河北省迁西、兴隆、抚宁、遵化、青龙等燕山地区。当地主栽品种，树势旺，树姿开张，分枝多，枝条硬。

总苞皮薄刺短，每总苞有坚果3粒，每500g约60粒；果皮红褐色，有光泽，美观，味甜，品质优良。白露、秋分季节采收，耐贮藏；丰产稳产，抗病力强，具有很大的发展前景。

（2）红栗。产于山东泰安。树势强健，树姿丰满，树冠圆头形。主要特点是嫩梢、叶片、总苞刺束均带赤红色，艳丽美观；栗果赤褐色，每500g约40粒，品质上等，耐贮藏。生长较耐瘠薄，丰产性状好。

（3）明拣栗。产于陕西长安。西北主栽品种。每500g约50粒，果实大小均匀，果皮光亮，如同挑选出来的一样，由此而得名。果实味美、香甜、质黏，富含糯性，品质优良。九月上中旬成熟，丰产性状好。

（4）紫油栗。产于河南确山，为实生优良单株。主要特点是进入结果期较早，实生苗3年生开始挂果。果实饱满，每500g约30粒；果皮赤褐色，富光泽，较美观，果肉含淀粉量高，耐贮藏；产地9月下旬成熟采收。

（5）丹东栗。枝条多为红褐色，细而长，叶片窄长。栗果大，呈三角形，种皮（涩皮）不易剥离，属日本栗一类。

（6）燕山红栗。又名燕红、北庄1号。坚果呈红棕色，具有光泽，故称“燕山红栗”。目前，在北京郊区、河北省等地引种。树形中等偏小，树冠紧凑，结果枝比例高，早期丰产。总苞椭圆形，壳薄，刺束较稀，出籽率高；坚果果面茸毛少，果皮红棕色，光泽鲜艳；平均果重8.9g，果肉甜，含糖率20.25%，含蛋白质7.07%。9月下旬成熟，该品种嫁接后，3～4年后大量结果，早期丰产，但在土壤瘠薄地易生独籽，对缺硼土壤敏感。

（7）燕山短枝。又名大叶青。总苞中等大，椭圆形；坚果深褐色，光亮，茸毛少，果肉含糖率20.57%，含蛋白质5.89%，品质优良。成熟期9月中旬。树势健壮，早期丰产，幼苗嫁接后5年进入丰产期，亩产达371.52kg。该品种树冠紧凑，枝条短粗，节间短，故名“燕山短枝”，是适宜密植栽培的优良品种。

（8）沂蒙短枝栗。母树是自然杂交种。幼树生长健壮，树体矮小，树冠紧凑；栗苞中等大，每总苞平均有栗实 2.3 粒，出实率为 40.8%。平均单果重 8.4g；果实棕色有光泽，果粒大小均匀，品质上等。9 月下旬成熟，耐贮藏。该品种适合于密植栽培，据山东日照市密植园验收，6 年生栗果园平均亩产达 706kg。选用该品种栽培，必须用本品种的种子苗做砧木嫁接，严格选配授粉组合，加强标准化管理，才能发挥其优良性状。

四、繁育技术

板栗的枝条不易生根，扦插和压条均难繁殖。在生产上主要采用实生繁殖（种子繁殖）和嫁接繁殖两种。

（一）实生繁殖

1. 实生繁殖的应用

实生繁殖是自然繁殖，优点是方法简单，成本低，繁殖苗木快，植株寿命长，主干不易空心，木材利用价值高；缺点是品种不纯，分化严重，良莠不齐，变异性大，结果期晚，影响商品价值；同时树体高大，管理不便。目前，实生繁育在生产中仍占一定的地位。先进行实生繁殖，然后保留表现好的优株，对于表现差的采用嫁接换种方法，把实生繁殖和嫁接繁殖结合起来，达到优质丰产。

2. 种子的贮藏和萌发

（1）种子休眠。板栗种子成熟采收后立即播种，即使在适宜条件下未经种子休眠是不会萌发的。板栗种子通常需要 2 个月休眠时间，不同品种有所区别。南方板栗在 0℃～5℃的低温下，1 个月后就有半数左右的种子可萌发；北方板栗需 2～3 个月才能萌发。栗子休眠是因果皮和种皮中含有脱落酸抑制物质，通过休眠后显著降低。若用3%硫脲浸种，对解除板栗种子休眠有显著作用。为保存种子，一般进行低温沙藏处理，越冬后再适时播种。

（2）种子萌发条件。板栗种子通过休眠后，在温度、湿度、通气的适宜条件下开始萌发。其特点是初期种子吸水膨胀，幼根先从果顶伸出，向下生长，然后伸出幼茎向上生长。肥厚的子叶仍留在坚果中不伸出土面，只提供养分促进根和茎叶生长。

①温度：板栗种子在土温10℃左右开始萌发，15℃～20℃是最适宜温度，因此早春即可播种。

②水分：首先种子本身含水量在45%以上，贮藏种子时必须保持种子的水分，不能失水；其次，播种的土壤要求水分充足，才能保证种子萌发。

③通气：板栗种子大，呼吸作用需要空气多，苗圃地要求土壤偏沙性，通透性好，才能有利种子的萌发，板结的黏土不利于种子根系发育。

（3）幼苗生长习性及断根处理。板栗苗先长出主根，后长侧根，由于侧根是主要吸收根，为此需要促进侧根生长，增加根系向四周的发展能力，所以采取幼苗主根折断法。在沙藏条件下，一般在播种前种子已经露出根尖，当根生长到1cm左右时用筛子将湿沙筛除，同时将种子的幼嫩根碰断，然后播种，即可长出大量侧根，增加幼苗须根数量。

在种子生根发育过程中，子叶生长起重要的营养供应作用，需要保护促进子叶发育，不然幼苗就会萎蔫死亡。

3. 育苗技术

（1）采种。种子育苗有两种作用：一是作嫁接砧木用，二是作为实生繁殖用。作砧木用的苗木，要求苗木生长健壮，要选用大粒种子，也可用独子板栗或野生板栗作砧木。这类种子营养丰富，幼苗生长健壮；作为实生繁殖的种子，要在板栗产区选择优势种群或优良母树林中选择优良品种采种育苗，保证其优质、丰产品种的遗传基因。

（2）播种。播种分秋播和春播。秋播在秋末冬初，气温下降到5℃～10℃时播种。秋播的优点是不必贮藏种子，利用秋收后空闲时间完成，缺点是土壤湿度变化较大，过高或过低，易引起种子霉变，同时易遭鼠害和虫害。春播一般播种偏早，若是种子在低温下贮藏，可抑制种子发芽，可推迟到清明前播种。播种方法有直播法和育苗法两种。

①直播法：不经苗圃育苗，直接播种造林。一般山地造林常用此法，建立实生栗园或就地作嫁接砧木。直播前应先整地，形成水平梯土、水平条沟或鱼鳞坑。在整好地上播种，每穴播2～3粒，每粒相隔10cm左右，出苗后选留壮苗1株，播种后覆土约5cm厚；有地下害虫的地区要进行药剂拌种及毒饵诱杀害虫。直播法的优点是节省劳力，育苗根系发达，生长旺盛，缺点是苗期管理不方便。

②育苗法：通过播种育苗将栗苗集中到苗圃管理，然后再移栽。此法苗木生长整齐，便于管理。圃地选择地势平坦、肥沃的沙壤质酸性土。整地前施基肥每亩10000kg，然后拌匀做畦，一般畦宽1～1.2m，长5～10m；播种采用纵行条播，行距30～40cm，株距10～15cm，每亩播种量为100～150kg。播种时最好将种子平放，尖端不要朝上或朝下，平放有利于出苗，播种后覆土3～4cm厚；育苗期要保证土壤湿润，不干不渍，保持土壤疏松不板结。

（3）苗期管理。做好常规管理。中耕除草，随时检查苗情；施追肥，6月上旬和8月上旬各施1次，每亩施尿素5kg，磷钾肥2kg，施肥后立即灌水。灌水和排水要根据土壤墒情和气候变化，及时灌水和排水；防寒和平茬，及时防治病虫害等。

（二）嫁接繁殖

1. 嫁接的重要性

（1）发展优良品种，实现良种化。板栗和其他果树一样，属于异花授粉果树，种子具有双亲复杂的遗传性，所以在实生繁殖的板栗产区，每棵板栗的产量和品质都不相同。据调查，从产量测试看，大树株产超过 25kg 的高产树约占 10％，株产低于 2.5kg 的低产树约占 30％，还有 15％的栗树不结果；从栗果大小来看，极不整齐，有 20％的“碎栗子树”，栗果很小，说明实生树遗传性状分化极为严重。通过几十年的科研选育，嫁接品比试验，选育出一批优质、丰产的良种，为板栗良种化创造出先决条件。

嫁接的板栗树是母体一部分发育起来的，遗传性状与母体一致，可以形成优良的无性系，每棵树的成熟期、产量和品质都表现一致，因此提高了商品性。

（2）幼树提早丰产。实生苗一般结果较晚。嫁接优良品种具提早结果、丰产的特性，为板栗的密植、矮化、高产创造了条件。前面介绍的优良品种，第五年的平均亩产量都在 200kg 以上，一般八年进入盛果期，平均亩产 500kg 以上。

2. 提高嫁接成活率

提高嫁接成活率首先要了解嫁接成活的过程。嫁接成活过程是砧木和接穗双方愈合的过程。嫁接时要求砧木和接穗的形成层紧密相接合，因为形成层是细胞分裂最活跃的部位，位于树皮和木质部之间。当砧木和接穗富有亲和力、温度在 15℃～35℃（最适宜温度 25℃）、嫁接伤口附近有较高湿度时，双方形成层细胞活动愈合，一般 1 周后即长出白色疏松的愈伤组织，15 天后可把接穗和砧木之间的空隙填满。双方愈伤组织连接后，即能进一步产生联合形成层，产生新的韧皮部和木质部，嫁接即成活。

影响嫁接成活的因素很多。其关键因素是保证伤口湿度和接穗的生命力。凡嫁接不成功的，基本上是这两条未做到。保持伤口湿度才能使双方形成层生长出愈伤组织，同时又保证了接穗在嫁接成活之前不会干枯死亡。接穗很小，又脱离母体，得到砧木养分、水分的供应，需要半个月的时间，在这段时间内接穗必须长出愈伤组织，才能双方愈合。因此，保持湿度、保持接穗的生活力是嫁接成活的关键。

3. 接穗的选择和贮藏

接穗质量的好坏决定嫁接的成败。保证接穗的生命力必须做到“选择、贮藏”都优质。

（1）接穗的选择。选用1年生的发芽枝，要求节间较短，生长充实，不用细弱不充实的结果枝或发育枝，在大量引种或大面积嫁接时，应该对接穗进行活性测定。

测定方法：将早春采下的接穗或贮藏的接穗，截成嫁接时需要的长度，然后在下端削一个马耳形伤口，把这些接穗放在烧杯或广口瓶中，充填疏松的湿土，使接穗埋在湿土中，盖上盖子，放入25℃的恒温箱中。由于满足了温度、湿度和空气条件，培养12天后取出观察，可看到接穗伤口处长出一圈白色疏松幼嫩的愈伤组织，主要是从形成层处长出的，韧皮部薄壁细胞也形成少量愈伤组织，其数量不及形成层的1/10。这种方法简单实用，测定结果显示，愈伤组织长得多，说明接穗生命力强，若愈伤组织长得少或不长，说明接穗生活力差或无生命力，后者绝不能用作嫁接的接穗。

（2）接穗的贮藏。板栗由实生树改为嫁接树，需要的接穗量很大，而且嫁接时期适当偏晚有利于成活。如果栗园附近有采穗圃，接穗可随采随接；如果接穗资源较远，接穗采下后须贮藏起来。接穗的贮藏可以和板栗的修剪结合起来，冬季修剪时剪下的接穗品种，按100根一捆，贮藏在低温、保湿的窖内。北方可利用菜窖内藏，窖内温度要低于5℃，湿度基本饱和。将接穗下半部用湿沙埋起来，上半部露出沙面，如果窖内湿度不高，要把接穗全部埋起来。如果没有低温窖，也可选择在土壤冻结前，在阴湿处挖一条贮藏沟，然后将接穗埋在沟内，要求全埋，上面盖上足够的湿土。总之，接穗要求贮藏在低温、湿润的环境中。

4. 嫁接苗培育技术

（1）接穗采集。为了保证苗木品种纯正，必须从经过鉴定的良种成年母树上采集接穗，严禁乱采乱繁。采穗母树必须具备品种纯正、生长健壮、丰产稳定、适应性强、抗病虫的性状；尤以树冠外围或上部向阳部位发育充实、健壮的枝条最好，其中以结果枝成活率最高，发育枝次之，徒长枝较差。接穗应随接随采，或在萌发前1个月进行，于3月中旬完成。萌芽后嫁接应注意接穗保湿，避免失水影响成活。接穗采集后，每20～30根捆成一捆，竖立于木箱中，接穗周围填充湿沙，接穗先端外露1/3为宜。将木箱置于冷凉处，抑制接穗萌发。

（2）嫁接时间。板栗嫁接时期应晚些为宜，树皮易剥开时为嫁接适宜期。华北地区最好在砧木萌芽后的4月中旬至5月上旬进行；南方嫁接可提前10～15天。一般在接后10～15天即可萌芽，成活率可达95%以上，过早或过晚成活率都较低。

（3）嫁接方法。板栗嫁接方法较多，应根据砧木粗细和嫁接时期不同，因地制宜地选择运用。一般砧木粗壮时（地径1.2cm以上）采用枝接，砧木地径1cm以下时可用芽接。生产中枝接多采用切接、劈接、腹接、皮下接、插皮舌接等方法。其中皮下接、插皮舌接操作简便，砧穗接触面大，成活率高。枝接成活的关键是，接穗粗壮充实，贮藏营养高；刀快操作迅速，削面长而平；形成层对齐；包扎紧密，外套塑料袋，保湿增温最关键，有利于愈伤组织形成。

芽接常用的是带木质部芽接。春季利用未萌动的芽作接芽；秋季（8月中旬至9月上旬）利用发育充实的接芽。带木质部芽接可增厚芽片，耐旱耐寒；秋季枝条越成熟充实，芽越饱满，嫁接成活率越高。在高产栽培中，最常用的嫁接方法主要有以下六种。

①劈接法：嫁接时，砧木与接穗均不离皮，可采用此法嫁接。

苗木与大树改劣换优均可用此方法。

砧木劈口：在嫁接部位将砧木锯断，削平锯面，用劈刀在砧木面的中间做一垂直劈口，劈口长 6cm，如砧面过粗，可在砧面上平行相间地做垂直劈口 2～3 条，以便多插接穗，有利于接面伤口的愈合。

削接穗：将接穗下端削成长 5cm 左右的楔形，入刀处要陡些。

插穗与绑扎：插接穗时，先撬开劈口，再将接穗插入，并使两者形成层相互对准并吻合好。插好后的接穗，削面上端要有 0.3cm 的“留白”，以利于接穗与砧木的良好接触。

绑扎时，先用一小块塑料薄膜封住砧面，再用塑料条将接口绑紧封严即可。

②插皮接法：嫁接时砧木已离皮，接穗尚不离皮，可采用插皮接法。苗木嫁接和大树改劣换优均可采用此法。

削接穗：在接穗下端削 1 个长 5cm 左右的马耳形斜面，而后在马耳形背面的两侧各削 1 刀，深达韧皮部即成。

截砧、插接穗和绑扎：在嫁接部位将砧木锯断或剪断，削平，选树皮光滑部分一侧的上方，用刀尖将韧皮部与木质部之间挑开，及时将接穗缓慢插入。插穗时，削面上面要有 0.3cm 的“留白”。如砧面较粗，应适当多插接穗，以利接口愈合。接穗插入后，用塑料条将接口绑紧、用蜡封严即成。

③皮下腹接法：适用于结果大树的内膛光秃带和大树高接换种时光秃带处的补接，以填补内膛，达到立体结果的目的。

接口的切法：在需要补枝的部位，横切一刀，长 6～8cm，深达木质部。在横切口中央的上方，再切一半椭圆形，椭圆形的宽度与接穗的粗度相等，深达木质部，再将切口中的皮部挑开即成。

削接穗与插入：在接穗饱满芽的背面，向下斜切一刀，削成长 5～7cm 的斜面，再将背面的两侧各轻削一刀，深度达韧皮部。将削好的接穗立即插入接口下方的形成层内，接穗削面的上端与半椭圆形的横切线一致，然后用塑料条严密地绑扎接口。

④小苗腹接法：适用于砧径粗度在 0.5～1.5cm 的栗苗嫁接，嫁接时间在春季或秋季。

削接穗：将接穗下端削成长 5cm 的斜面，入刀处要陡些，深度达干粗的 1/2 时，再将刀略斜向前直削，而后于接穗背面下端 2cm 处削一小斜面即可。

切砧口：在砧苗离地面 7～10cm 处选一光滑面入刀，入刀时要陡一些，深达干粗的 1/2 左右时，再将刀面较干斜地向下切去，切口全长 5～6cm。

插穗与绑扎：砧口切好后，随即将削好的接穗大面向外插入切口，并使两者的形成层相互吻合好，剪去接口以上的砧苗后，再用塑料条将接口绑紧、封严。

⑤带木质部芽接法：适用于栗苗嫁接和幼树高接换种，春季与秋季均可采用。

削芽片：从接芽上方 1.5cm 处入刀，当刀刃略进木质部后，便向前直推长达 3cm 时将刀退出，再从接芽下方 1cm 处斜削下去，以切断芽片为度，然后将芽片取下，放于盆内湿巾中待接（口含芽片的传统习惯不可取）。

接口切法：在砧苗离地面 5cm 处或高接幼树的预定发枝部位，选光滑处切一与芽片大小、形状相似的接口即可。

芽片的插入与绑扎：接口切好后，即将削好的芽片插入接口，插芽片时，一定要使芽片和砧木上的形成层相互吻合好，如果切面的大小不相等时，也要使两者一边的形成层相互吻合好，再用塑料条将插好的芽片绑紧、封严，只让芽子外露，待确认嫁接芽成活后，剪去接芽以上的砧苗。如在秋季嫁接，当年不要剪砧，于翌年发芽前在接芽以上 1cm 处剪掉砧苗即可。

⑥倒芽嫁接法：嫁接时间、嫁接方法、嫁接后管理均同上述。不同的是削接穗时，把芽的上端削成马耳形斜面，将接穗倒插入砧

木皮层内。这样可以加大新生枝的角度，抑制枝条的极性生长，达到早实、丰产的目的。

5. 嫁接苗管理

首先要及时清除砧木上的萌蘖，解除包扎物。萌蘖随有随除；解除包扎物可在成活后1个月内进行。芽接成活后，于秋后或翌春萌芽前剪砧，促使接芽萌发生长。此外，应设立支柱引缚新梢。当新梢长到20～30cm时，即进行绑缚工作。绑缚支柱必须牢固，下端深深插入地下，新梢用细绳缚于支柱上即可，还可依据苗木长势和土壤状况，进行1～2次追肥、灌水和防治病虫害等项工作。

6. 苗木出圃

板栗苗木出圃，从秋季落叶进入休眠至土壤冻结前，或春季解冻后至萌芽前1周，均可进行。就地栽植时，可随挖随栽植。

（1）挖苗方法。挖苗前，如果土壤过于干燥，应充分灌水，促使苗木充分吸收水分，同时可防起苗时伤根过多，待土壤疏松、湿润时即可起苗。起苗时应广刨深挖，保存健全的根系，根系最短不能小于30cm，健全的根系是保证苗木质量的主要条件。

（2）苗木分级。苗木好坏直接影响栽植成活率和生长发育状况。分级应根据苗木规格严格进行，不合格的苗木应留在苗圃地继续培养。进行分级时，应同时剪除生长不充实的枝梢、病虫危害部分和根系受伤部分。山地建园用苗必须品种纯正，枝条健壮、充实，具有一定的高度和粗度，根系发达，须根多，断根少，无严重的病虫害和机械损伤等。根全苗壮，是建园的关键。就华北、中原地区而言：Ⅰ级板栗苗木要求粗1.0cm以上，苗高80cm以上，根长不短于30cm。Ⅱ级以下苗木不可作为建园用。每50～100株捆成一捆，根系蘸满泥浆，严防苗木失水。

（3）苗木假植。短时间假植可挖一浅沟，将根颈以下部分全部埋入地下，严防根系裸露于外。如果越冬长时间假植，应选地势平坦、背风、不积水的疏松湿润地，挖深60cm、宽100cm呈南北走向的假植沟，将苗木向南倾斜放置，用疏松湿土填充，使苗木全部埋在土中，土壤干燥时可向假植沟内灌水，促使土壤与根系密切接触，避免冻害及失水；假植沟上面应覆一高出地面10cm左右的土埂，防止积水沤烂；春季及时取苗栽植。

五、栽植技术

（一）园地选择

板栗生长发育过程中，需要一定的环境条件。从我国南、北两大生态类型主产区的生产实践经验证实，土壤、光照、气温、降水等是影响其生长发育和果实品质的主要环境条件。

1. 土壤

板栗适宜在成土母岩为页岩、花岗岩、砂岩发育的土壤上生长，这类土壤一般呈酸性、微酸性或中性，在pH值5.6～6.5的土壤中生长发育表现最好，pH值达7.5以上则其生长严重受到抑制，成为滨海盐碱地或内陆盐渍地不能栽植板栗的限制因素。石灰性土壤不仅呈碱性反应，而且由于钙质的大量存在，影响板栗对锰营养的吸收利用，也不能作为经济栽培的生产用地。

板栗树对土壤肥力的要求仅次于核桃。若土层薄，肥力低，则根系分布浅，不耐旱，养分吸收利用少，生长缓慢。所以，板栗树宜在土层深厚、土质疏松、排水良好的砾质、沙壤土上栽植；在厚层黄土、红土上发育的酸性及微酸性黄棕壤、红壤上也生长良好。

2. 光照

板栗为典型的喜光树种，北方板栗品质优于南方板栗的主要原因与北方光照充沛有关。在每日光照不足6小时的地方，树冠直立，叶黄枝瘦，产量低，品质差。开花期光照不足，影响光合产物的生产，常常会引起大量落花落果。因此，栽植板栗宜选择光照充足的阳坡、半阳坡或开阔的谷地。

3. 气温

北方板栗较耐寒，南方板栗耐湿热。适宜于板栗生长的年平均温度为10℃～15℃，生长季节气温在16℃～20℃，冬季不低于－25℃；生长季后期昼夜温差大，有利于营养积累及转化，有利于提高栗果品质。

4. 降水

板栗与其他落叶果树相比，更适应温润多雨的气候，过分干旱会影响树体发育而导致减产，特别是在速生阶段，必须保证水分的及时供应，这样可以提高枝叶质量和果实大小；花期适度干旱，空气清爽，有利于授粉坐果。板栗产区有“雨栗旱柿”之说，说明多雨年份板栗才能丰产；但是板栗不耐涝，排水不良、土壤长期积水时易发生烂根现象。秋季成熟前的适当降雨，可促进果实生长，有利于增产；若秋雨连绵不断，也会发生裂果现象，影响板栗产量及品质。

（二）整地

板栗一般栽植在山地、沟谷及丘陵地带。北方板栗产区有“埋根栗，露根柿”、“树下拉沟，板栗不收；“不怕土焖，就怕露根”等谚语。说明山区栽培板栗，宜选择背风向阳，坡度不超过25°，土层不低于60cm的缓坡地及开阔沟谷。在此基础上，更应做好水土保持工程，进行高标准整地，为板栗生长发育创造良好的立地条件。板栗为深根性树种，若土层较薄，水平根系接近表土，遇雨表土流失，根系外露，叶片变黄，树势很快转弱。因此，栗园的水土保持工程质量是影响板栗经济收益的主要措施之一；山区地形不一，水土保持方法可因地制宜，合理采用。

1. 坡改梯、修筑梯田（土）

山地坡改梯，修筑梯土、梯田，是山区进行水土保持，实施治坡造地的主要措施。按照小流域工程治理，一片山坡，统一规划、设计、施工；一律按等高线拉齐，严格按山、水、田、林、路综合治理，并配以小水窖、排洪沟、引水渠、田间便道和机耕道。实施“坡改梯工程”可按计划申请国家专项补助，同时应遵守因地制宜，平高填低，增加活土层，配置水肥土管理设施，达到保水、保肥、保土、抗旱、排洪的目标，实施生态栽培，确保可持续发展。

2. 撩壕、压绿

适宜于坡度平缓、土层深厚、降水量少的丘陵地带。撩壕比修筑梯田省工，也可成为梯田的过渡形式，即先撩壕，然后逐步修筑成梯田。

撩壕时，先在坡地上按一定距离沿等高线挖一条与坡向垂直的深沟，将取出的土壤表土与深层土分开放在沟的两边，表层土放内坡，深层土放外坡，筑成土埂。施工时最好用挖机先挖内坡土，填入外坡处，整成1.3～1.5m的平台，然后再撩壕压绿。一般沟深80～100cm，沟宽60～80cm；壕距依坡度大小和设计的栽植行距而定，缓坡则密，陡坡则稀。为了防止壕沟渍水，沟底应保持1/1000的比降（地形复杂、山弯多的地带可不考虑）；撩壕挖成后，及时填压杂草、灌木、树枝或垃圾肥料，深填40～60cm，然后回填表土压实，一般沉压两个月后方可栽树。因此，撩壕整地、压绿，应在秋冬时施工为宜。

3. 筑谷坊

北方称垒谷坊，是北方闸沟造地的常用方法，适用于沟壑及谷地。因为北方沟谷地土层较厚，土质肥沃，适宜板栗生长。但沟谷是雨水集散地带，坡陡水急，冲刷严重。因此，水土保持工程尤为重要。利用沟谷栽植板栗时，一般先在沟谷内垒砌石坝，闸沟淤地成平台，再在台地上栽树。砌石坝闸沟，应从沟的上端开始，按沟的坡度，每隔5～10m筑一石坝。为了避免雨水冲塌坝墙，砌坝务必坚实牢固，并以弧形坝为宜。弧顶向内侧，以承受压力，加固谷坊。选用大型石料砌筑，打好基础，砌牢坝体。坝体横截面呈梯形或半梯形，按坝体高度设计横断面和弧形拱度，并要按拱形设计、埋设拱座、拱弧基础和墙体，并垒石砌筑牢固（上下压缝）。

（三）造林时期和方法

板栗的雌花量少，并且自花授粉结实率低，雌雄花的花期又不一致，影响结实丰产，因此，配置适宜的授粉树是板栗增产的重要技术措施。

1. 造林密度和形式

板栗造林密度一般依据品种特性、地力和管理水平而定。如树体高大、土壤肥沃、管理水平较低则应稀植，相反可适当加密栽植。一般非矮化树种，肥沃地株行距（4～5)m×(5～7)m，土层薄、地力差的地块株行距（3～4)m×(4～6)m 为宜；嫁接品种，一般 2～3 年生可开始挂果，4～6 年即有一定经济产量，8 年进入盛果期。为了尽早获得较大收益，也可在建园之初实行加密栽植，待十多年树冠郁闭后，再分期分批进行间移或间伐，使园地保持良好的光照和通风条件。

栽植形式主要有长方形和正方形，以大行距、小株距的长方形或三角形（梅花形）较好，行间不仅通风透光条件较好，还可在幼林期适当间作一些矮秆作物以耕代抚；行向应视具体情况而定，一般南北行向比东西向好，沟谷地多为南北行，如在梯田上建园，行向要与梯田走向一致。

2. 造林时期和方法

确定造林时期主要依据当地的气候条件而定。如南方板栗栽培区，冬季气候温暖，秋、冬、春三季均可造林；北方产区多在秋、春两季栽植，秋季雨多，土壤墒情好，可在秋季落叶后至结冻前（10 月下旬至 11 月上旬）栽植，栽后覆土保墒防寒。秋栽当年可使伤根愈合，并发生新根，翌春及时生长，成活率高，生长良好。尤其是在干旱的沙土地区，秋栽更为有利。但在气候寒冷的地区，由于无霜期短，冬季严寒，秋栽后伤根不易愈合，在越冬过程中，又易失水抽条致死，应以春栽为宜。

具体造林时要抓好挖大穴、施基肥、选壮苗、保全根、浇足水和防旱保墒等关键技术环节。

挖大穴，加大栽植穴，深翻熟化穴土，是促进成活和快速生长的关键措施。一般要求栽植穴深、宽、长各 1m 左右，应在栽植前一年挖好，压绿肥或垃圾 60cm 深，再将表土和草皮回填压实，经过冬春雪雨，土壤充分熟化，有利于苗木成活。用于定植的栗苗应选用根系完整发达、枝条充实、芽眼健全、无病虫的壮苗。栽植深度以嫁接苗的接口与地表相平或略高 1cm 为度。为了使幼树速生早果，定植穴内应施足有机肥料，每穴应施厩肥 30～50kg；栽后灌透水，水渗后封穴保墒，保证成活。

3. 栽后管理

（1）埋土防寒。这是冬季严寒、干旱多风地区常用的防止冻害和抽条、提高栽植成活率的传统措施。具体方法是在土壤结冻前，在苗木根颈部北侧培一隆起土丘，然后将苗木向土丘北侧轻轻压倒，防止折裂，用细土将苗木全部埋入土内，埋土厚度以不露苗木为度，稍加压紧整平，待翌年春季解冻后至萌芽前，再将苗木挖出扶正。

（2）及时定干。已成活的幼树，于春季萌芽前及时定干。具体方法参阅整形修剪部分。

（3）灌水增墒。幼苗成活后，根据土壤墒情，决定灌水与否。北方地区一般春季干旱，蒸发量大，失墒严重，应及时为板栗造林地增墒保湿，提高成活率和促进生长，早春应灌催芽水 1 次，地表土壤干爽后，及时松土，清除杂草。

六、板栗丰产培育技术

（一）土、肥、水管理

板栗是典型的以壮树、壮枝、壮芽为特性的树种，尤喜深厚、疏松、肥沃、湿润的土壤环境。满足这些条件便可早实丰产。但板栗多分布于贫瘠山区，常因水土保持较差，管理粗放，大根裸露，肥水不足而使树势衰弱，空苞多，栗果小，产量低。为改变这一现状，获得较高收益，就必须加强土、肥、水的综合管理，促使根际土壤中的土、肥、气、热协调，长期维持在一个较高的可控、可供水平，满足壮树、壮枝、壮芽各生长发育环节的需要。

1. 土壤管理

板栗属深根性树种，要求土层深厚，肥水充足。山地栗园必须做好水土保持工作，使水土不下山。俗话说；“埋根板栗，露根梨”。说明板栗对水土的需求特点。实践证明，板栗园土壤管理的重点是闸沟淤土，深翻扩穴，增厚土层，进行综合治理。

（1）深翻扩穴。幼龄栗园常因定植穴小，土层浅，石块多或土质坚硬，导致板栗发根少，向下生长扩展力低，树势弱，结果少或不结果，应随树龄增加而逐年深翻扩穴。扩穴方法是从树冠以外根少的地方向里刨翻，将根系主要分布区刨通，把根引向外围，扩大吸收面积；注意不伤粗 0.5cm 以上的根，深度需达到 60～80cm，并将刨出的砂砾、石块拣除而换成好土，同时要随着深翻压入杂草、落叶或绿肥作物，提高土壤有机质含量，改良土壤熟化状况，提高土壤肥力。深翻扩穴应逐年进行，直至全园通翻一遍为止。深翻扩穴后要灌透水，促使根系与土壤密切接触，利于生长。另外，在成土母质为页岩的栗园，可在冬季放小炮震穴，或用钻机扩穴，促使土壤分化，加大活土层，扩大根系生长面积。

（2）刨树盘。春、夏、秋三季刨树盘，有利于生长、开花、坐果和果实发育。果农的经验是“春刨树壮，夏刨树旺，秋刨树强”。刨树盘的做法是：春刨宜浅不伤根，秋刨宜深要护根。刨树盘时要内浅外深，一般掌握在20cm左右。同时，随刨随压入杂草、枯叶，或压沤绿肥，以增加土壤有机质，熟化土壤，保持水土，培壅裸露根系；还可保墒灭虫，消除杂草。

（3）树下压土。若水土流失严重，部分大根裸露于外。可结合修堰等水土保持工程，进行树下压土，以增厚土层，促使树势转壮。一般在薄土层要实行树下压土，可增厚土层10～15cm，对树势转壮有明显效果。

2. 合理施肥

板栗由于立地条件、土壤类型和树龄的不同，对肥料的需求也不一样。依其生长发育规律来看，幼树应多施氮肥，利于枝叶生长；进入结果期后，在施入氮肥的同时，应增施磷、钾肥以及微量元素肥。

（1）秋施基肥。板栗的雌花分化多在早春，故应在采收后结合园地深翻施足基肥，这对促进花芽分化，提高花芽质量，加速树体生长均有显著效果。基肥以厩肥、堆肥、炕坯土、草木灰为主；施用量视土壤肥力和产量高低而定。一般初果期树每株施入农家肥25～50kg，盛果期树150～200kg，同时还可混合施入1～2kg过磷酸钙，以维持土壤营养的平衡关系，满足栗树对各种营养的需求。

（2）生长季追肥。追肥时期的确定，因品种、土壤、管理不同而异。研究证实，在早春（萌芽前后）、授粉期、果实肥大期（7月中旬左右）进行追肥，对增加雌花数量，减少空蓬，增加果重，促进新梢生长均有较好的效果。若花前和新梢速生期缺氮，新梢生长量显著降低；若果实肥大期缺氮，导致果实发育不良，单果重下降；应及时追施速效化肥，以补充生长期的肥料需求。化肥种类主要是尿素、硫铵、过磷酸钙等。施用量一般对初结果幼树每株追施尿素 0.15～0.3kg；盛果期大树追施尿素 1.5～2.5kg、过磷酸钙 0.5～1kg。施肥应根据生长环节分次施入，防止一次集中施入而引起浪费流失。追肥后及时灌水，促进肥料分解，满足板栗生长发育需要。

(3) 压绿。栗园广种绿肥，既减少水土流失，又解决了肥料不足的矛盾，促进板栗生长和结果，起到了一举多得的显著效果。

压绿肥要求就地种植，就地沤制施用。在绿肥幼嫩的雨季，利用高温多湿，沤压腐烂快和省工的特点，直接在树冠下压沤。每株可压紫穗槐、草木樨、沙打旺、荆条、灌木及杂草嫩叶 100～150kg，将其铡碎，于树冠外围挖条状沟，分层将绿肥压入沟内，可改善土壤结构，增加有机质含量，提高土壤蓄水保肥能力，是山区栗园广辟肥源的有效措施。

(4) 叶面喷肥。叶面施肥可促使叶面积增大，提高干物质含量，增强光合作用和代谢机能，加速栗树生长，是补充营养不足的有效措施。如在初花期和盛花期喷施适量硼砂，对提高坐果率、减少空篷有特效。

3. 灌水与保墒

板栗萌发后，新梢很快形成迅速生长之势，枝、叶、花序相继出现，各器官的形成和生长发育节奏的加快均需大量水分供给，而且营养吸收和运输也需水分的参与。因此，应根据树体生长发育和气候特点，把早春和花前灌水，视为促长增产的关键技术措施。

我国板栗多栽于山地、丘陵地区，一般土层较薄，保墒性能差；北方降雨少，灌水又困难，需要就地采取多种抗旱保墒的方法。

(1) 起埂蓄水法。一般在距树干 40cm 的上方，按树冠直径的大小，筑一高 40cm 的半圆形拦水埂，埂内为一半圆形蓄水池（月亮池），其水平长度为 2～3m，内径为 1.5～2m，池底要平，并保持外高内低的斜度，池两端留有溢水口，防止因水量过多冲塌土埂。双层拦水埂，除在树干内侧修筑外，还需要在树干外侧沿树边缘处再筑一高 30cm 的半圆形拦水埂。下上两埂呈阶梯状（鱼鳞坑），充分拦蓄自然降水，防止水土流失。

（2）覆草法。利用农作物秸秆、绿肥作物或杂草，根据情况可实施全园覆盖或树下覆盖。栗园覆草（厚度 20～30cm）可使土壤疏松，降低土温，拦截雨水，保持湿度，有利于根系生长吸收，并可起到灭草抑虫的作用；通过根际土壤条件的改善，又直接影响地上部的生育状况，有利于树体生长和提高产量。

目前，生产中运用的蓄水保墒方法很多，如每年在雨季之前刨树盘，修整地堰，保土蓄水；入伏前利用塑料薄膜或板石材料对树盘进行覆盖，均能起到蓄积雨水、抗旱保墒的作用，为根系生长创造较好的环境条件。

（二）整形修剪

板栗为干性较强的喜光树种。采用主干分层形和自然开心形的整形修剪方法符合其生长特性，适于山地栽培。主干分层形的主枝分层错落生长，通风透光，结果面积大，产量较高；自然开心形树体矮化，光照良好，枝组易配备，利于结果，便于管理。

1. 树形

（1）主干分层形。干高 60～80cm，主枝 5～6 个，分 2～3 层错落着生在中心干上，3－2 或 3－2－1 排列，层间有效距离 1m，每主枝选留 2～3 个侧枝；树高 5～7m。

（2）自然开心形。干高 80～100cm，主干顶部分生 3 个主枝，彼此相距 15～20cm，呈 45°角向外斜生，每主枝选留 3～4 个侧枝；树高 4～6m。

2. 修剪方法

（1）幼树整形修剪。幼树整形修剪就是培养牢固合理的树体结构，为早实、丰产、优质创造条件。

①合理定干：低干、矮冠具有成形快、结果早、适于密植、便于管理、产量高等优点。因此，幼树定植成活后，萌芽前应在80～100cm饱满芽处剪截定干。但需因地制宜，间作栗园定干宜高，可为120～150cm；土质肥沃的园地定干宜高一些，反之则稍低。

②选留主枝：主干分层形一般全树主枝数目5～7个，树高不超过5～7m；定干后，剪口下萌出的新枝，选留上部生长健壮、直立的枝条作为中心干，下部再选3个方位、角度均好、生长健壮的枝条作为第一层主枝。第二层主枝选留2个，要求与第一层主枝交错插空排开。第三层主枝1个。板栗喜光，层间距宜大，第一层与第二层主枝间保持1～1.2m距离，第二、第三层主枝间距离0.8～1m，层内主枝间为30cm左右的距离。

③选留侧枝：随着主枝向外延伸，对主枝两侧斜下方生长的枝条，本着合理占据空间，不影响主枝生长，有利结果的原则选留侧枝。第一层主枝上的第一侧枝距中心干60cm左右，第二侧枝距第一侧枝对面40～50cm处着生，第三侧枝与第二侧枝距离50～60cm。第二、第三层主枝上侧枝数量可适当减少，而且侧枝间距离也可缩小，防止因树冠上部过大而遮阴，影响下部光照。

在幼树期间，除按树体结构随树整形、造就比较合理的树体骨架外，为促进迅速生长，增加营养面积，早结果，应及时疏除徒长枝、密集枝、病虫枝，减少营养消耗，其余枝条应尽量保留，充分占据空间，切忌对幼树采取清膛、清枝过重的传统修剪方法。因此，在幼树整形期间，除生长过强的枝条外，一般不行短截，利用顶芽枝向外延伸，构成骨架扩大树冠，而对三叉枝、四叉枝和轮生枝进行修剪，防止竞争，以免出现主从关系不明、“掐脖”、树形紊乱等现象；对生长量过大的枝条，夏季应进行摘心，促生分枝，防止枝条下部缺枝裸露，增加枝叶面积，加速成形，并及时向结果方面转化，达到早实丰产的目的。

(2) 结果树的修剪。根据板栗树的生长结果特性，应采取集中与分散相结合的修剪方法，调节水分和营养物质的分配和利用，改善光照条件，解决生长和结果的矛盾，可收到较好的效果。

集中与分散修剪法的核心，就是要掌握"因地因树修剪、看芽依枝留果"的原则。如土壤贫瘠，水肥条件差，老树、弱树，结果母枝少，细弱枝多，应采用集中修剪法，反之则采用分散修剪法。因此，要做到"三看"：一看地，山地还是平地，土层厚薄，土质肥瘦，水肥条件等；二看树，看树的品种、树龄、树势强弱等；三看结果母枝，看芽的种类、数量、混合花芽多少、质量好坏等。

①分散修剪法：就是在强树、旺枝上多留一些结果枝、发育枝、徒长枝和预备枝，通过疏留枝，多留生长点，分散其营养，缓和树势、枝势，达到培养结果母枝的目的。当强树旺枝顶端只有一个结果母枝时，在其下方再选留 1～2 个预备枝，加强培养，使其健壮生长，分散树体营养，缓和枝势，逐步形成结果母枝，增加产量形成部位。在强树旺枝上，当结果母枝变弱，抽生结果枝能力降低时，则进行回缩修剪，使预备枝取代结果母枝结果，可防结果部位外移。

②集中修剪法：在弱树弱枝上，通过修剪或回缩部分弱枝、弱芽，减少消耗和生长点的修剪法，使营养集中供给保留下来的旺枝、壮芽上，由于营养集中利用，促使弱树、弱枝变强，形成健壮的树势和强壮的结果母枝。

③枝组修剪：主要采用缩剪和疏剪方法。缩剪主要是针对多年生结果枝组，结果部位外移，基部光秃，衍生过长，生长变弱，结果很少，应从好的分枝处进行回缩更新，培养新的枝组，利用新生枝组的生长势，抽生健壮的结果母枝，恢复结果能力，巩固结果部位。疏剪，可增强先端结果母枝的生长势，起到拉引向前的作用，对下部的细弱枝适当疏除，使营养集中，枝条复壮。相反，如树壮枝旺，除保留顶端结果母枝外，其下可依次选留 1～2 个结果母枝，

使一处优势变为多处，分散营养，缓和枝势，有利结果和提高产量。

④利用和控制徒长枝：树冠内多年生枝上的隐芽遇适宜条件，可萌发大量徒长枝。利用和控制徒长枝的方法，可概括为“四留、四不留”，即：老树、结果树留，幼树不留；强树留，弱树不留；有空间留，无空间不留；主侧枝中上部留，基部不留。选留徒长枝的数量应视具体情况、生长空间而定。过多过密，树冠郁闭，通风透光不良，影响骨干枝的生长和营养分配；过少浪费空间，达不到立体结果、增加新生结果部位及提高产量的目的。因此，要瞻前顾后，左右权衡，综合考虑选留。一般要求同侧两徒长枝间保持60～80cm的距离；同一部位只留一枝，最多不超过两枝。当徒长枝过多丛生时，要选择好着生方向，斜侧生而生长充实的加以培养和利用，多余者及早疏除，防止耗费营养和扰乱树体结构。另外，徒长枝具有丛生、直立、旺长、停长晚的特性，任其自然生长，常会出现树上长树，促使骨干枝衰弱生长，扰乱树体结构。因此，必须控制徒长枝。控制方法有加大枝条分生角度，变直立为平斜；夏季摘心，冬季短截，压低枝位，促生分枝，缓和枝势；对已有分枝的枝条，可于30cm以上分枝处缩剪，防止离心生长过远。徒长枝改造成结果枝组后，经过连续结果而变弱时，要及时回缩复壮。

七、板栗主要病虫害防治

危害板栗最为严重的病虫害主要有胴枯病、炭疽病、白粉病、芽枯病、栗实象甲、红蜘蛛、桃蛀螟、透翅蛾、栗瘿蜂等。其中，尤以栗实象甲危害最重，一般年份果实被害率达5%～10%，严重年份可高达60%；板栗红蜘蛛发生严重年份可减产10%以上。

（一）主要病害防治

1. 胴枯病

板栗胴枯病又叫板栗干枯病、栗疫病，是世界性栗树病害，属检疫对象。20世纪初期曾因发生板栗干枯病使欧美各国的栗树近乎毁灭。在栗属中，虽然我国的板栗比欧洲栗、美洲栗抗胴枯病能力强，但目前在我国各地都有此病发生，有些地区危害相当严重。

【病状】 病症主要发生在树干和主枝上。发病初期枝干褪绿，并逐渐产生黄褐色圆形斑点，然后发展成较大的不规则的赤褐色斑块，最后围抱整个树干，并上下扩展；病部略微凹陷，病斑呈水肿状隆起的橙黄色小粒点，即为病菌的分生孢子器，内部湿腐，有酒味，干燥后树皮纵裂，可见皮内枯黄色病组织；发病中后期病部大量失水，主干干缩凹陷，皮层纵裂，整个枝条或全株枯死。

【病原菌及发病情况】 病原菌为子囊菌，由子囊孢子和分生孢子侵染危害。一般3月开始发病，4～5月产生橙黄色至橙红色无性子实体——孢盘，并从体内溢出大量分生孢子。由昆虫、鸟类及雨水等传播；10月下旬产生有性世代子囊孢子，翌年春季由风、雨水、昆虫等传播至健康树。侵染途径主要是各种伤口，尤以嫁接口侵染为最多。孢子萌发通过伤口进入板栗组织内，形成大量菌丝体，引起组织腐烂。病菌繁殖的温度范围为3℃～35℃，最适宜温度为25℃，最适宜氧离子浓度为100μmol/L（pH 4.0），氧离子浓度低于3.163μmol/L（pH 5.5）时病菌停止繁殖。另外，在密植、栗园土壤过干或过湿、缺乏有机质、肥料不足等情况下，发病率增加；在诸多因素中，树势衰弱是发病的重要原因。

【主要防治方法】 ①在无病区生产苗木和采集接穗、种子。苗木和接穗要通过严格检疫和消毒，防止病菌带入新区和潜伏感染。

②加强管理，控制栗园密度和留枝量，减少伤口。加强栽培管

理，增施肥水，培养壮树，及时防治病虫害和防寒防冻，保护嫁接口避免损伤感染。

③及时清除病株和剪除病枝并集中烧毁。

④选育抗病品种。

⑤及时刮除树体上的病斑。用5°Bé以上的石硫合剂均匀涂抹病斑处；或用抗生素401，浓度为400～500倍液加0.1%“平平加”，涂抹病斑处。

⑥冬季树干涂白保护，可用石硫合剂加石灰调和适度，涂刷树干。

⑦苗木用5°Bé石硫合剂或150倍波尔多液消毒处理，防止病菌随苗木传播。

2. 炭疽病

【病状】 主要危害枝干部分。病部于5月下旬发生腐烂，易折断。

【病原菌及发病情况】 属于真菌病害。一般4月下旬在枝干皮孔开裂处有黑色分生孢子盘，内有多隔的分生孢子，病部逐渐扩大溃烂，产生大量黑色子实体。枝干皮层开裂散出孢子，通过雨水或昆虫传播，经皮孔或表皮直接侵入组织。

【主要防治方法】 结合修枝剪除病枝，集中烧毁。4～5月喷半量式波尔多液。

3. 白粉病

主要分布在南方板栗产区，北方气候干燥很少发生。

【病状】 染病叶初期出现近圆形或不规则形块状失绿病斑，随着病斑逐渐扩大，在病斑背面产生灰白色粉状霉层，即为病原菌的菌丝体和分生孢子梗及分生孢子。秋季病斑颜色转淡，起初为黄白色，然后变为黄褐色，最后变为黑褐色的小颗粒状物，即病原菌的子囊壳。嫩枝、嫩叶被害表面布满灰白色粉状霉层，发生严重时，幼芽和嫩叶不能伸长，皱缩卷曲，凹凸不平，叶色缺绿，影响生长发育，甚至引起落叶、死枝。

【病原菌及发病情况】 病原菌为子囊菌。病菌以闭囊壳在落叶上越冬，翌年春放出子囊孢子，借气流传播侵染；3～4 月开始发病，产生分生孢子，再次侵染，使病害继续蔓延扩大；9～10 月形成闭囊壳。发病以苗木幼树为主，大树发病较轻。

【主要防治方法】 ①清除有病的枝梢并及时烧毁，以消灭或减少越冬病源。

②在 4～6 月发病期，喷 70％甲基托布津 1000 倍液，或 50％多菌灵 800～1000 倍液，或 0.2～0.3°Bé 石硫合剂或波尔多液均可抑制病菌发展。对严重病区可在栗树萌芽前喷 5°Bé 石硫合剂。

③选用抗病强的品种。

4. 芽枯病

【病状】 多发生于新芽、新梢、苞叶和新叶上，患部呈水浸状病斑，由褐色逐渐变成黑褐色后枯死。

【病原菌及发病情况】 此病为细菌病害。在春季新芽伸展时发生，7 月后停止扩展。

【主要防治方法】 清除被害部位并集中烧毁。发现此病可喷波尔多液或石硫合剂及其他杀菌药剂及时防治。

（二）主要虫害防治

1. 栗实象甲

【为害特点】 又称象鼻虫，是世界性害虫。南方板栗产区为害比北方严重。此虫除为害家种板栗外，还为害野生板栗、茅栗、榛子等果实。主要蛀食果实，果内有虫道，粪便排于虫道内，而不排除果外，这种习性区别于桃蛀螟。象甲成虫为黑色，体长 7～9mm，头管（鼻子）为足长的 1.5 倍，而雌虫头管比雄虫长 2 倍。卵圆形，乳白色。幼虫纺锤形，乳白色，头部褐色。蛹长 10mm，乳白色。象甲虫 1 年发生 1 次，1 代 2～3 年。以老熟幼虫在树下

5～10cm 土内越冬，翌年 7 月下旬化蛹，2 周后变为成虫出土。成虫取食嫩枝幼果。有假死性，忌强光。交尾后产卵，9 月上旬在幼果上刺孔产卵，每果产卵 1～3 粒，9 月中下旬幼虫孵化，蛀食果食。为害期 1 个月，10～11 月老熟幼虫蛀出果实入土越冬。

【主要防治方法】 ①适期采收，栗苞堆放时用熏蒸杀虫剂熏杀。

②栗实熏蒸。栗实脱粒后在密闭的仓库或塑料棚内用溴甲烷或二硫化碳熏蒸坚果。溴甲烷用 2.5～3.5g/m^3，熏蒸处理 24～43 小时；二硫化碳每立方米用 30mL，处理 20 小时，象甲虫死亡率均可达 100%。熏蒸药剂散发后对栗子无任何污染，也不影响发芽。

③利用成虫的假死性，于早晨露水未干时，在树下铺塑料薄膜，轻摇树枝，兜杀成虫。

④成虫羽化后，常在树冠上活动和取食，由于成虫体外有抗药性强的蜡质层，需要喷渗透性强的触杀剂，可用 50%甲基对硫磷乳油（甲基 1605）1500 倍液，或 50%对硫磷 2000～2500 倍液在成虫发生期每隔 10 天喷 1 次药，连续喷 2～3 次。

2. 红蜘蛛

【为害特点】 5～7 月为红蜘蛛发生盛期，为害叶片正面，开始时在叶脉之间为害，使叶片脱绿转黄，进一步发展到全叶和全树，叶片枯黄似火烧状。

红蜘蛛越冬卵深红色，在 1 年生芽周围和枝条粗皮、裂缝、分杈处越冬。翌年春季栗树叶展叶后期，越冬卵孵出幼虫，爬到叶片基部正面为害。每年发生 4～6 代。栗树红蜘蛛为橙红色，虫体小，活动力很强。若虫蜕皮 3 次发育为成虫。雌雄交尾后即产出卵，卵期 6～9 天，雄成虫寿命 1 天多，雌成虫约 15 天。一般进入雨季或气温低时虫口密度下降，高温干旱时常引起大量发生。

【主要防治方法】 ①药剂涂干。5 月上旬，在距地表 30cm 的树干上，刮除粗皮，刮成宽20cm的环状涂药带，涂40%乐果乳剂10倍液或50%久效磷乳剂20倍液，然后用塑料布包扎好，过10天后可再涂一次。

②树冠喷药。从5月上中旬开始，喷施2次40%乐果乳剂2000倍液，或敌敌畏2000倍液，或0.2°Bé石硫合剂与三氯杀螨砜800倍混合液。如果前期没有杀净，在高温干旱期发生时喷洒2500～3000倍的灭扫利溶液，可兼除其他害虫。

3. 桃蛀螟

【为害特点】 桃蛀螟是世界性害虫，我国各板栗产区均有发生。寄主除板栗外，还有桃、李、杏、向日葵、玉米等40多种果树和农作物。2～3代幼虫为害栗篷和栗实，为害率一般为20%～30%，严重时可达50%以上。被害栗实空虚，虫粪和丝状物粘连，失去食用价值。这也是引起栗实贮藏期腐烂的原因，是栗实的重要虫害。

桃蛀螟属鳞翅目螟蛾科害虫。成虫体长12mm，翅展25mm，橙黄色。卵椭圆形，初产时为乳白色，后变红褐色。幼虫体长20～25mm，体色多变，有淡褐、淡灰、淡红、淡蓝等色，体背多为紫红色，胴部各节均有黑色瘤点。蛹为褐色，腹部末端有卷曲臀刺6根。

北方产区一年发生2～3代，南方产区一年发生2～4代。世代重叠，以老熟幼虫在板栗堆放场地、贮藏库、栗篷、栗树皮以及玉米茎秆、向日葵花盘等处越冬。第一代幼虫发生整齐，集中在6月底前；幼虫约1个月发生1代；成虫20：00～22：00时羽化量最盛，白天静止，黄昏飞翔交配，2～3天产卵，每只产20～50粒不等。第二代成虫于8月中旬在栗篷刺间上产卵，以两篷之间最多，一般1～3粒。第三代幼虫蛀食栗篷，最早见于8月上旬，盛期为9月中旬，此时正值栗篷开裂期，幼虫先蛀食篷壁，再蛀食栗实。幼虫主要为害期发生在栗篷堆积期间。据测定，采收时虫果率为

5.6%左右，此时幼虫主要蛀食栗篷壁；栗篷堆积10天后，虫果率达12.4%；堆积40天后，虫害率达到56.8%。可见，在第三代幼虫为害栗实之前将其消灭，是防治关键。

【防治方法】①及时脱粒。堆积时间一般不要超过5天。

②药液喷栗篷。栗篷采收后，用灭幼脲3号悬浮剂500倍液或5%抑太保乳油1000～2000倍液喷后再堆放，也可将栗篷在以上药液中浸一下再取出堆放，杀虫效果好。

③在栗园周围种植向日葵，以诱杀3代幼虫。

④清洁越冬场所，及时烧掉栗篷壳，杀死越冬幼虫。

4. 透翅蛾

【为害病状】栗透翅蛾为害主干或主枝的韧皮部。严重时幼虫横向穿食并环绕树干或主枝1圈，致使主枝干枯或全株死亡。

【防治方法】①涂抹树干。用1～1.5kg煤油加入80%敌敌畏50g，混合均匀，3月间涂抹于树干上，防治效果极佳。

②树干涂白。在成虫产卵前（8月前）树干涂白，可以阻止成虫产卵，对控制为害可起到一定作用。

③成虫出现期（8～9月）喷灭幼脲3号悬浮剂500倍液或喷5%农梦特乳油1000～2000倍液，消灭成虫及卵。

④适时中耕除草、清园。凡是杂草丛生、粗放管理的果园，透翅蛾发生严重。因此，适时中耕除草，及时防治病虫，避免造成过多伤口，增强树势，均可减轻该虫为害。

5. 栗瘿蜂

【为害病状】又叫栗瘤蜂，以成虫产卵于栗树芽内，被害枝在春季形成瘤状虫瘿，不能抽新梢和开花结实。

【防治方法】在成虫发生期喷50%对硫磷乳油1500～2000倍液或50%杀螟松1000倍液。

八、板栗的采收、贮藏及加工技术

（一）采收技术

1. 板栗的成熟

我国板栗品种多、分布广、生态差异大，成熟期不一致。最早熟品种 8 月成熟，最迟熟品种到 11 月初才成熟。采收时期和采收方法直接关系到板栗的产量、质量和耐贮性。采收时期应根据栗子成熟程度来决定。板栗成熟的标志是：栗苞呈黄（褐）色，苞口开始开裂，种子呈棕褐色、赤褐色或枣红色；就全树来讲，当 1/3 栗苞开裂时为最佳采收期。早采、迟采、一次性采收，对产量、品质及栗果出籽率影响很大。采收过早，栗子不成熟，水分含量高，品质差，不耐贮藏，加之种仁柔嫩，气温又高，容易产生变质霉烂；采收过晚，则落果脱栗严重，收获费工。用于贮藏的板栗，应以栗子充分成熟、自然脱落为最好，成熟度高，品质好，耐贮运。

2. 采收方法

采收应选择连晴数日后进行。雨天、雨后初晴天、早晨露水未干时，因湿度大，所采栗子不耐贮藏。采收栗子一般采取拾栗子和打栗苞两种方法。

（1）拾栗子。北方多用拾栗子收获。待树上栗苞自然开裂，栗果落地时拾取。其优点是坚果饱满充实，皮色鲜艳有光泽，淀粉转化积累充分，果皮含水量低，存放失水少，耐贮性强。缺点是采收时间长，比较费工，必须及时采收。

（2）打栗苞。我国大部分地区采取此法。分为一次打落法和分期打落法。

①一次打落法：当栗苞 1/3 转黄、略呈开裂时，采用竹竿一次性打落。其优点是采收时间集中，速度快，节省劳力。其缺点是部

分栗子尚未成熟，质量较差；容易伤及结果枝和叶片，影响第二年结果。

②分期打落法：先将发黄的栗苞打下来，待树上青苞转黄后再把成熟果苞打下来。一般2～3天打1次。分成熟度、分批次打落，保证栗果成熟度一致，外观漂亮，质量上等。

3. 贮运前的处理

栗子贮藏前期呼吸十分旺盛，因堆积容易产生呼吸热，使胚芽坏死或子叶变质，引起腐烂。栗子贮藏忌干、热、冻。贮藏时必须保持一定的水分，种子含水量不能低于35%。栗子变质腐烂的主要原因是由于失水导致生理机能减弱，易于被病菌感染。因此，贮藏栗子时要处理好三件事：

（1）品种选择。栗子贮藏性与品种的成熟期有直接关系。晚熟品种的贮藏性比早熟品种好，北方品种比南方品种耐贮性强。

（2）栗苞堆放脱粒。采收时未开裂的栗苞含水量大，温度高，呼吸旺盛，必须降低温度堆积，促进果实后熟和着色，而易于脱粒。具体做法：选择阴凉通风的场地，把栗苞摊开，厚度以40～80cm为宜，在温度、湿度适宜的情况下，1周左右便可脱粒；堆积不要过厚，保持通风、阴凉。

（3）散热处理。板栗大部分品种在9月下旬至10月上旬成熟，此时气温较高，脱粒出的栗子有较高的热度和水分，需要冷却散热处理，称为“发汗”。发汗场地可在室内或阴棚下进行，四周要通风，一般发汗2天后便可进行贮藏。

4. 药剂处理

（1）防腐防霉处理。

①采后预冷，使果温尽快降至5℃以下。

②采后用0.05%2,4-D丁酯+500倍液甲基托布津浸果3分钟，可以减少腐烂。

③采后用二溴四氯乙烷熏蒸，每25kg栗果用药10g。

④加放松针，即在沙藏或冷藏袋中放一定量的松针，对霉菌有一定的抑制作用。

（2）防发芽处理。板栗是一种需低温层积的种子，一般在0℃温度下30天层积则完成种子的后熟（休眠）过程。当温度、湿度适宜时则能萌发（发芽），发芽后的板栗品质下降，这是影响板栗长期贮藏的主要因素之一。防止栗果发芽的措施如下：

①γ射线辐射处理。在采后50～60天用放射性元素γ射线7.74C/kg照射处理。

②药剂处理。采用0.1% 2,4-D丁酯、0.001%比久、0.1%青鲜素或0.1%萘乙酸浸果，可抑制发芽。

③盐水处理。在采后30～50天板栗将要发芽时，用2%食盐加2%纯碱（碳酸钠）的混合水溶液浸果1分钟，捞出后不必阴干，即装筐或装入麻袋中，并加入一些松针，可抑制发芽。

④二氧化碳处理。即在－2℃温度下用3%～7%二氧化碳处理10天，或在2℃温度下用3%二氧化碳处理30天，均可抑制发芽。高二氧化碳采后处理越及时效果越好。

⑤低温处理。当板栗已结束休眠，进入萌发期（翌年3～4月）后，抑制发芽的效果大大降低。生产上可以在萌芽期采用－3℃～－4℃的低温处理5～15天，随后恒温于－2℃～0℃温度下贮藏，能有效抑制板栗的大量发芽。

（3）防虫处理。板栗贮藏中常因栗实象甲等虫蛀伤而引起腐烂。一般采用溴甲烷熏蒸，用量为40～60g/m³，处理时间为3.5～10小时；也可用磷化铝熏蒸2～3天，用量为12g/m³；用二氧化硫（50g/m³）密闭处理18～24小时，也有一定的杀虫效果。

5. 分级、包装和运输

（1）分级

①目的和意义：根据栗果产品的大小、重量、形状、色泽、成熟度、新鲜度及病虫害、机械损伤等商品性状，按照一定的标准，

进行严格挑选。分级是板栗商品化处理的基础环节，是现代化社会生产和市场商品经济的客观要求。板票分级的目的和意义可以概括为5点：一是实现优质优价；二是满足不同用途的需要；三是减少损耗；四是便于包装、运输与贮藏；五是提高产品市场竞争力。

②分级方法：

第一，分级标准：按照《中华人民共和国国家标准——板栗(GB10475—89)》进行分级。

第二，分级方法：板栗的分级方法大体分为人工分级和机械分级两种。人工分级是国内普遍采用的方法，按照板栗分级标准，根据人的视觉判断，将其分成几个级别。人工分级能避免机械损伤，但工作效率较低，级别标准不一致。机械分级不仅消除人为的影响，还能显著提高分级效率。按照板栗等级国标（GB10475—89）执行。

(2) 包装。板栗商品经过包装，可以减少运输、贮藏及销售等环节中因相互摩擦、碰撞、挤压而造成的机械损伤，减少病害蔓延和水分消耗，避免果实散堆发热而引起腐烂变质，使果实在较长时期内保持良好的商品状态、品质和食用价值。产品经过包装后，还可提高商品价值，促进销售，强化市场竞争力。

板栗的包装容器类型多种多样。主要有木箱、条板箱、胶合板箱、硬塑料箱、柳条筐、竹筐、麻袋、草袋、蒲包、塑料薄膜袋等。近年来，瓦楞纸箱、防老化钙塑箱、塑料周转箱、硅窗薄膜袋等包装容器也大批量用于板栗运输和贮藏包装。

(3) 运输。运输是产品流通过程中必不可少的重要环节，是联系商品经济产、供、销之间的桥梁和纽带。运输的基本要求是：快装快运；轻装轻卸；防热防冻。

运输方式有公路运输、水路运输、铁路运输、航空运输等；运输容器多以集装运输为主。

6. 贮运前的预冷处理

（1）目的和意义。板栗采收后在贮藏和运输期间，迅速将其温度降低至规定温度的措施称为预冷。板栗采收后带有果园热，其体温接近环境温度，呼吸、蒸腾等生理代谢旺盛，后熟衰老变化快；微生物容易侵染，极易腐烂损失。另板栗含水量高，比热大，其所含热量不易散去，温度下降慢，直接影响板栗的贮运效果。所以，为了保持其新鲜度、优良品质和贮运性能，延缓其衰老变化进程，必须采取预冷处理。

（2）预冷方法

①空气预冷：一是室内冷却。采收后将板栗直接放进冷藏库内预冷。该方法冷却速度较慢，一般需要一昼夜或更长时间，但操作简单，不需另外增加冷却设备，冷却和贮藏同时进行。二是强制通风冷却。采用专门的快速冷却装置，通过高速的强制冷空气循环使栗果温度快速降低。强制通风冷却有多种形式的预冷装置，如隧道式、天棚喷射式、鼓风式等。

②水预冷：水预冷装置有喷水式、浸渍式和混合式（喷水和浸渍相结合）等，以喷水式应用较多。

水预冷设备简单，操作方便，冷却速度快，具有产品预冷后不减重、适用性广等特点。其缺点是加速某些病菌的传播，容易引起栗实腐烂，特别是有外伤的果品，发病腐烂更为严重。为此，应采取有效措施防治。

第一，将预冷后的栗果充分沥干水，使包装容器中无水滴滴出，最好经过吹风处理，使栗果表面干燥。

第二，注意保持冷却水的清洁，做到定时换水，必要时可对冷却水进行杀菌处理。

第三，预冷之前应严格把好产品质量关，剔除受伤和感染病害的栗果，以减少不必要的损失。此外，注意预冷水中的流速不宜过大，避免栗果发生碰撞而造成损伤。

③真空预冷：将栗果产品置于特制的真空预冷装置中进行冷却。该装置主要由真空罐、真空泵、制冷设备和捕集器、自控系统和检测器组成。真空预冷具有降温速度快、冷却效果好、操作方便、不受包装容器和包装材料的限制等优点。但成本较高，目前国内使用较少。

（二）贮藏保鲜技术

目前，我国板栗产区外贸出口量不断增加，促进了板栗产业的发展。板栗从生产者出售，到终端经营者（加工企业或国外客商）入库，一般要经过以下程序：适时采收→沙藏预贮（2～4 周）→生产者包装出售→一级经销商或国内加工企业→二级经销商→出口加工点→码头泊位装船→国外客户卸船→运至目的地仓库。这些环节中的每一环节都要经过暂贮藏、装卸、运送几道工序。每道工序都应围绕温度管理、湿度管理和避免污染这三个要点采取相应的保护措施。

板栗贮藏保鲜因板栗品种及贮藏的环境条件不同而不同。一般是中、晚熟品种（9 月中下旬以后成熟）耐贮藏性好，北方板栗较南方板栗耐贮藏性好。

板栗贮藏的基本环境条件：温度－2.5℃～0℃，相对湿度 90％～95％，气体条件为氧 3％～5％，二氧化碳 1％～4％。

1. 产地简易贮藏保鲜技术

（1）带苞贮藏。此法南北产地均可采用。选择通风干燥的室内空地或排水良好的露地，先铺一层 10cm 厚的河沙，再将栗苞堆于其上，堆高以 1m 为宜。堆面上覆盖一层松针、栗壳、玉米秸秆等。堆后要经常检查温度、湿度和病虫；南方着重防沤、防腐烂，北方则注意防干、防晒及防冻。此法简易省工，贮藏期较长，南方可贮藏至年底，北方可贮藏至翌年 3～4 月。经贮藏后的栗子新鲜、种仁不变质。缺点是栗子易发芽，也有利于象鼻虫的活动及为害，可用无公害生物农药防治。

（2）地面沙藏。先将栗果经清洁水漂洗，挑出浮栗后进行层积沙藏。即在阴凉室内或者地窖中铺 10cm 厚的湿沙后，一层栗果一层湿沙堆藏，最上覆盖 10cm 以上厚的沙层，堆高不超过 1m，河沙湿度保持在 65%左右（手握成团，手放散开）为宜，平时视沙的干燥度及时喷水保湿。

（3）河沙、锯末混藏。选一阴凉、通风、无鼠害的水泥地面房屋，将板栗与河沙、锯末按 1∶（3～4）的比例混合堆放。11 月中旬前为后熟预贮期；11 月中旬至翌年 2 月初要逐渐关闭门窗和定期喷水，保持室内相对湿度 90%，2 月初至 4 月中旬适当降低填充物湿度，继续覆盖并保持室内空气湿度。

（4）沟藏。沟藏是充分利用土壤保温、保湿性进行贮藏的一种方法，其效果比堆藏好，贮藏期较长。选择不积水的阴湿地，一般从地面挖长、宽各 1m 左右的深沟。沟底铺一层湿沙，其上放一层栗子一层沙，每层沙和栗子厚为 5cm 左右；每隔 1～1.5m 竖立一个秸秆捆，以利通风；在封冻前，沟上用土培成屋脊状（弧形）。

覆盖技术是沟藏成败的关键，必须根据气温变化分次覆盖。覆盖过厚，贮藏的果实温度太高，易造成霉烂；覆盖过薄，会使贮藏栗实受冻，也不利于贮藏。

沟藏的特点是充分利用晚秋至翌年早春天然低温，在不同地区通过调整沟深、沟宽和合理覆盖管理来创造适宜不同果实的贮藏温、湿度环境；所需设备简单，可就地取材，成本低，较堆藏温、湿度稳定，贮藏时间长。沟藏存在的主要问题是：在贮藏初期和后期的高温不易控制，整个贮藏期不易检查贮藏产品，挖沟需占用一定面积的土地；关键是要勤于精细管理。

（5）民间混粮贮藏和窖藏。农民将晒干的黄豆、绿豆等杂豆贮藏在坛子里，将采收的新鲜板栗同时装入坛内混放，6～8 个月不霉变、不虫蛀，味甜新鲜，炒吃更是回味无穷。

窖的种类很多，一般根据当地的地形条件建造。窖址一般选在地势较高而地下水位低且空气流通较好的地方。窖的大小根据栗果贮藏量及窖材的长短而定，一般宽为2.5～3.0m，长度不限，其天窗设在窖顶中央，宽0.5～0.6m，呈长方形，窖眼设在窖墙四周基部，大小为0.25m×0.25m，每隔1.5m设1个。窖内的温度和湿度主要是根据贮藏栗果和窖内气温的变化情况，利用天窗和窖眼的通风换气进行控制，若窖内湿度过低，亦可在地面上洒水或挂湿麻袋来调节。窖藏的优点是既能利用窖内稳定的土温，又能利用简单的通风设备来调节和控制窖内的空气湿度，可随时检查贮藏状况，并根据贮藏状况对果品进行出窖或入窖处理。

（6）清水浸洗架藏。架藏前，将栗果摊放在阴凉的室内散热2天左右，以“发汗”失重率达8%为宜。将栗果装入竹篓内连篓一并放入清水中浸洗，尽可能将过小、过嫩、虫蛀、破损等栗果剔除出去，晾干后分层堆放于贮藏架上，然后用塑料薄膜覆盖于竹篓上或架子外。贮藏后的第1个月每隔2～3天揭膜1次，拣去发霉或腐烂的栗果，并浸洗1次；随着气温的下降，栗果进入休眠状态，每隔半月或更长时间揭膜1次，并进行浸洗。用此法可使栗果贮藏保鲜100天左右，好果率达90%左右。若继续贮藏，则可用2%盐水加2%纯碱配成盐碱混合液浸泡栗果1次，这样还可延长贮藏期1个月左右。

（7）醋酸或盐水处理贮藏。用1%醋酸液浸果1次，将浸好的栗果装入竹篓，篓底撒一些新鲜松针，然后用薄膜覆盖贮藏；入贮后第1个月每周浸洗1次，以后每月浸洗1次。用此法可使板栗贮藏140天，好果率90%以上；若继续贮藏，则用2%盐水加2%纯碱，调成盐碱水浸泡1次，可使贮藏期再延长1个月左右。

（8）塑料薄膜袋贮藏和液膜贮藏。将“发汗”后的板栗，用70%甲基托布津500倍液浸5分钟，取出晾干，装入50cm×60cm、两侧有若干个直径1.5cm的小孔的塑料袋中，置于通风良好的室内，不紧靠贴压，初期换袋翻动3次，以后视室温打开或扎紧袋口，一般超过10℃时打开袋口，低于10℃时扎紧袋口。也有采用变换包装袋的方法，即贮藏初期的高温季节，用塑料网袋或麻袋，以利于袋内散热降温并排出有毒气体，如乙醇、乙醛、CO_2等，从而抑制霉烂的大量发生。以后气温下降时（降至10℃以下），霉菌活动受到抑制，即换为打孔塑料袋，以利最大限度地减少水分蒸发，保持栗果鲜度，即前期以防霉为主，后期以防失水为主。先将栗果露地沙藏一段时间（一般1个月左右）后，再改用塑料袋贮藏，效果也很理想。

液膜剂是无毒的高分子化合物，能在栗果表面结成一层薄膜，可把杀菌剂、抑制剂等包裹在栗实表面，在板栗保鲜贮藏过程中缓慢释放出来，起到不断杀菌和协调生理代谢的作用，降低栗果的呼吸速率（特别在栗果的贮藏后期），从而延长栗果的贮藏期。具体方法是：选择耐贮性的中晚熟品种，适时采收，脱粒，经过"发汗"散热处理后，剔除少量未成熟、病虫害及机械损伤的栗果，用500倍液甲基托布津或多菌灵液浸洗消毒，阴干后用虫胶4号、6号或虫胶20号涂料原液加水2倍拌匀后浸果5秒左右捞出，晾干后用箱或筐包装，置于贮藏库中，大约每隔10天检查1次，及时剔除坏果。

2. 产地土窑洞贮藏保鲜技术

土窑洞贮藏板栗科学利用了土壤的保温性能，结构简单，建造费用低，速度快。由于窑洞深入地下，受外界气温影响小，温度较低而平稳，相对湿度较高，有利于果实的品质保持。板栗土窑洞贮藏时间一般可达5～6个月，好果率可达90%以上。

（1）土窑洞的结构特点。土窑洞适宜于北方黄土层深厚的地区建造。一般选择坐北朝南、地势较高的地方，窑门向北，以防阳光直射；窑门宽1～1.4m、高3.2m、深4～6m，门道由外向内修成坡形。可设2～3层门，以缓冲温度，最内层门的下边与窑底相平；

窑身一般长30～50m、高3～5m、宽2.5～3.5m；顶部呈圆拱形，窑顶上部土层厚度5m以上。靠窑身后部在窑顶修一内径为1～1.2m的通风孔，通风孔高出窑顶5m以上，再靠底部挖一气流缓冲坑。通风孔内径下大上小，以利于排风。通风孔粗细高矮与窑身长短有关，一般气孔高（从窑顶部起）为窑身的1/3左右。如气孔难以加高，可考虑用机械排风。此种设计为北方科技部门推广的实用贮藏保鲜工程。

（2）土窑洞的管理。土窑洞结构为良好保温和有效通风创造了条件，而科学的控制通风、温度和通风时间则是管理的核心，也是贮藏成败的关键。

3. 产地通风库贮藏保鲜技术

通风库是对棚窖和窑洞贮藏的发展。它是用砖木、水泥等材料构建，并设置一定厚度的保温隔热层，利用空气对流的原理，以通风换气的方式引入外界的自然冷源，来保持库内比较稳定、适宜的贮藏温度的一种贮场设施（一般由企业规划设计、修建）。

4. 气调贮藏技术

气调贮藏即调节气体贮藏，也称气调冷藏，是当前国际上广为应用的果蔬贮藏方法。一座完整的气调库，除了要求制冷系统、隔热和气密性等条件外，还需要二氧化碳脱除机（二氧化碳洗涤器）、除氧机、湿度调节器、压力调节器（即气压袋）、气体分析器、质量检测仪等现代化设备（企业建造经营）。

（三）贮藏期的病害防治

板栗贮藏期的主要病害包括：种仁斑点病、炭疽病、黑色实腐病及霉烂等。

1. 种仁斑点病

【病状】 种仁斑点病是由多种真菌混合侵染所引起的病害。主要发生于贮运期。在栗仁上形成坏死斑点，使栗仁变质或腐烂，严重影响板栗果实品质；其症状有黑斑型、褐斑型和腐烂型 3 种；前期以褐斑型居多，后期以黑斑型占多数。

【病原菌及发病情况】 病菌可在落地栗苞及树上病枯枝中越冬，翌年产生分生孢子成为初期侵染源。病原菌从 6 月上中旬至 7 月下旬侵入果实，至采收、贮运期才发病，有潜伏浸染现象。病害出现于板栗近成熟期但发病率较低；成熟至采收期病粒稍多，在常温下沙藏及贮运中，病情迅速增加，经过 15～25 天到加工期达到发病高峰，此后由于气温降低，病害不再增加。病害的发生、发展与温度、栗仁失水、栗瘿蜂发生轻重、树龄、树势、栗果成熟度、机械损伤等因素密切相关。

【防治方法】 ①加强栗树管理，增强树势，避免栗瘿蜂等危害，提高树体抗病力，这是防治的基础。

②从 6 月中旬开始喷药，15～20 天喷 1 次，共喷 3 次。可选用 50％退菌特 800 倍液。

③降低贮运期温度，保持栗仁正常含水量，减少机械创伤。用 7.5％盐水淘汰剔除病粒效果较好；亦可用漂白粉等对人、畜无毒的药剂浸果。

2. 炭疽病

【病状】 病菌在南方，特别是华南地区寄主范围广，以菌丝态在活体芽、枝内潜伏越冬；落地的病叶、病果均为其越冬场所。条件合适时，10～11 月便可长出子囊壳，翌年 4～5 月小枝或枝条上长出黑色分生孢子盘，分生孢子由风雨或昆虫传播，经受害体皮孔或自表皮直接侵入，受害栗果主要在种仁上产生近圆形、黑褐色或黑色的坏死斑，然后果肉腐烂、干缩，外壳的尖端常变黑，俗称“黑尖果”。

【发病条件】 ①通常采后 1 个月内为腐烂的危险期，期间果实失水越多，腐烂越快。

②采后栗棚、栗果大量堆积，若不迅速散热，腐烂严重。

③采收期气温高（26℃～28℃）、湿度大，有利于发病。

【防治方法】 ①加强田间防治。结合冬季栗树修剪，剪除病枯枝，集中烧毁；喷施灭病威、多菌灵或半量式波尔多液等药剂，特别是4～5月要避免产生大量菌源。

②严格掌握采收的各个环节，适时采收，不宜提早采收。

③注意贮藏。采后及时散热、沙藏。细沙以500mg/kg特克多液润湿，贮温以5℃～10℃、相对湿度80%～90%为宜；预冷后再冷藏保鲜。

3. 黑色实腐病

【病原菌及发病情况】 表现为板栗果实上产生黑褐色的不规则斑纹。果实发病从成熟果的顶端及底座部位侵入，果皮变黑，表面散生黑色小瘤状的分生孢子器，果肉呈黑色腐败。病果一般干腐，但与细菌混合感染后，产生软腐，有臭味；在枯死枝干树皮上产生与果实上同样的黑色小瘤状分生孢子器。高龄树比幼龄树发病多，密植或施肥不当引起的枝干衰弱，发病较多。

【防治方法】 ①合理密植，避免树冠密生，保持良好的通风透光条件。

②适当实行间伐、整枝，防止树体衰弱、枯损。

4. 霉烂

【发病原因】 板栗霉烂主要与品种的抗病性、采收成熟度和环境条件密切相关。其原因是由黑根霉菌和毛霉菌浸染而引起。

【防治方法】 ①适时采收。使栗果成熟，其抗病性明显提高。

②采后用500mg/kg的2，4-D丁酯＋200mg/kg甲基托布津药剂浸果3分钟，或用1～10Gy剂量γ射线辐照处理均能有效抑制栗果霉烂。

③适当降低湿度，创造适宜的低温环境。采用架藏等方式，可降低栗果呼吸强度，延缓其代谢；同时，加强通风管理，防止霉烂。

④加放松针，对霉菌有一定抑制作用。

⑤采后预冷。将刚采收的板栗进行快速降温，使果温降到5℃以下，不仅能抑制霉菌发生，减少腐烂，而且能够延长贮藏期。

（四）板栗的加工技术

1. 糖炒栗子

板栗通常分为菜用栗和炒食栗，北方栗子和南方的小型栗子多为炒食栗，而糖炒栗子是栗子加工的主要方法，也是国内外传统的食品。

简易加工糖炒栗，所需工具有铁锅、铁铲和大粒沙子。铁锅、铁铲的大小视加工量的多少而定，沙子的直径以3mm为宜，用前将用具、沙子、栗子洗净，先将沙子放入锅内炒热至烫手时再加入栗子同炒，沙与栗子比例为2∶1；文火加热，不断翻炒，果壳颜色由深变浅，少数栗子开裂，待栗子炒熟时加入糖液；糖液用一份红糖加一份水调和，边加糖液边炒，待糖液溶化包敷在栗皮表面使栗子发亮时出锅。要注意，所谓糖炒栗子并不是要使糖浸到栗子中去，而是为了发亮美观，所以加糖水量不能过多，以免栗子外壳过黏沾手，影响剥食。一般加糖液后再炒5分钟，栗肉柔软可口时即成。然后将沙和栗子倒入铁丝筛网内分离，将栗子筛出可直接包装销售，沙子再入锅内反复加工用。

为了提高糖炒栗子的风味质量，栗子洗净后阴干十几天，在湿度较大的阴冷调控室内放两周。栗果在风干和少量失水后，含糖量增加，口感明显增甜，同时栗肉紧缩与壳分离，容易剥取整肉。注意阴干时间不能过长，如超过20天虽然甜度还能增加，但果肉松软度降低，影响口感，同时重量下降而提高了成本。另外在炒前要将栗子分级，每锅栗子大小要一致，以免生熟不同，皮色混乱，失去应有品质。

糖炒栗子也可用机械加工，用电动搅拌机翻炒。工厂化生产时用每分钟 20 转的旋转筒，将栗子和沙同时装入筒内，筒下用液化气作燃料，当炒熟后筛出栗子放入少量糖和麻油进行搅拌。炒后的栗子装入特制的复合膜袋内，装入量用机械控制，然后真空充气包装，充入氮气或二氧化碳气，最后密封，这样放置较长时间仍能香软可口。

2. 板栗罐藏食品及加工工艺过程

罐头食品具有营养丰富、携带方便、保存期长等优点，可以满足军事、科技、探险、航空、航海、旅游等不同行业活动的需要，深受消费者欢迎。按其包装材料分金属罐和软罐头（又称蒸煮袋罐头）。

（1）工艺流程。原料选择→预处理→装罐注液→排气→密封→杀菌→冷却→检验→贴标签、装箱。

（2）操作要点。罐头原料预处理，如清洗、分级、去皮、护色等。

①装罐注液：首先做好空罐准备。一是玻璃罐：要求外形整齐，玻璃内无气泡裂纹；罐口平整、光滑、无缺口、正圆、厚度均匀。二是金属罐：要求罐形整齐，缝线标准，焊接完整均匀，马口铁上无锈斑和脱锡现象，罐口罐盖无缺口和变形。做好空罐清洗，杀菌消毒，打号处理送入密封车间。

②填充液配制：板栗罐头通常使用的填充液是糖液，并在糖液中加柠檬酸调整糖酸比。配制糖液用白砂糖，要求糖、水清洁，无杂质，必须符合国家标准。配制糖液时要添加柠檬酸，一是增加产品风味；二是柠檬酸具有还原作用，可以保护产品色泽；三是配成酸甜口味，保护维生素 C，增进杀菌效果。

③装罐：装罐原料要求无软烂、无变色斑点，原料大小、形状、色泽均匀，原料排列整齐、美观，装量准确。

④注液：注液的目的是排除原料组织中的空气，增强热传导性能，有利于杀菌和冷却效能的提高；同时改善产品风味，提高投料

温度，缩短杀菌时间。

⑤排气与抽真空：其作用是防止产品氧化变色和品质败坏，保持品质、风味，延长罐头寿命。排气方法有加热排气法、真空排气法、热装罐排气法。

⑥密封、杀菌与冷却。

(3) 板栗罐藏食品种类

①糖水板栗罐头。工艺流程：原料挑选→剥壳→除内皮→护色→修整→漂洗→真空预煮→分选装罐→注糖液→封口→杀菌→冷却→成品。

②糖水枣栗罐头。工艺流程：板栗验收→清洗→去外壳→去内皮→修整→护色→预煮→冷却→红枣挑选、浸泡、清洗→装罐→注糖液→排气→密封→杀菌→冷却→入保温库→检验→成品。

③桂花栗子罐头。工艺流程：原料→剥壳→浸入盐水→盐水栗子→剔选→分级→热碱处理→去皮漂洗→整理→酸液中和→桂花整理→分级→漂洗→计量装罐→加料液→排气封罐→杀菌→冷却→入库→检验→成品。

④板栗猪蹄筋罐头。工艺流程：原料→去皮→护色→预煮→(猪蹄筋→涨发→预煮→整理) →装罐→排气→密封→杀菌→冷却→成品。

3. 板栗速冻食品及加工生产过程

(1) 原料要求。供速冻加工的板栗一定要充分成熟，当色、香、味已充分表现出来后，及时采收、冷冻。为了提高冻藏品的质量，可对栗仁在冷冻前采用真空干燥法使其脱水10%左右，然后再进行冻藏。

(2) 冻前预处理。冻前预处理的目的：一是做成备用的产品；二是为保藏提供良好条件。板栗速冻加工常见的主要操作流程是：剥壳→漂洗→护色→去除内皮→漂烫→钝化处理→硫处理。

(3) 速冻方法。生产上普遍采用送风式冻结，也有采用浸渍或喷淋冻结法。

（4）速冻产品的包装。包装不仅是便于运输和销售，主要是便于保护产品，防止冻藏中的品质变化。包装材料要求：一是要求水蒸气和气体的透过性要低，才能预防产品中水分的散失；二是在低温时的耐冲击性要强；三是要耐加热烹调时的高温。近年来在塑料薄膜中找到了具有上述性质的材料。常用有尼龙和聚乙烯、玻璃纸和聚乙烯的层制薄膜。速冻栗仁常采用紧缩包装，即包装内的产品之间尽量不留空隙；也可采用充氮包装。

（5）冻藏的温度和时间。目前，我国冷藏库的冻藏温度是－18℃～－20℃，在此温度下微生物的生长发育几乎完全停止，酶的活性大大减弱，食品水分的蒸发量减少。因此，食品的贮藏性和营养价值得到良好保持，贮藏期可达1年左右。

（6）解冻过程及解冻方法。速冻板栗的解冻过程，不只是吸收热量使冰化成水，而是要使冻品内部的微观结构、品质、成分完全恢复原状。当解冻时细胞外面的冰先融化，然后向细胞内渗透，并与细胞内的成分重新结合，这就实现了细胞形态上的复原。细胞吸收的水分越多，复原得越充分，解冻后产品的质量越好。解冻程度分半解冻和完全解冻两种。解冻方法应根据产品的需要，采取适宜的解冻条件和解冻终温。解冻过程分3个阶段：第一段，从冻藏温度至－5℃；第二段，从－5℃～－1℃，称为有效温度解冻带，即冻结过程中的最大冰结晶生成带；第三段，从－1℃至所需的解冻温度。

解冻方法分为空气解冻和液体解冻两种。空气解冻：以热空气作为解冻介质，解冻时温度不宜太高，以免产品表面变色、干燥、沾染微生物等。因此，必须考虑一定的温度、湿度、风速等因素，才能保证解冻产品的质量。液体解冻：解冻介质是水，一般取10℃左右，在流动水中较快，如5cm/s的流动水的解冻速度是静止水的1.5～2倍。

4. 板栗饮料类食品及加工工艺流程

板栗果实中蛋白质、氨基酸含量丰富，随着板栗产量的提高，以板栗为原料的果汁饮品不断问世，如板栗带肉果汁、板栗粉、板栗奶、栗子露等及各种汁液调配品种。

(1) 果汁分类。按其状态一般分为原果汁、鲜果汁、浓缩果汁、果汁糖浆、带果肉果汁、果汁碳酸饮料、果汁固体饮料等。

(2) 工艺流程。原料→破碎（打浆）→预煮→榨汁（浸提）→粗滤→精滤（均质脱气、浓缩、干燥）→糖酸调整→杀菌→根据需要进一步加工成各种风味的果汁制品。

(3) 板栗饮料种类及加工工艺流程

①板栗粉。工艺流程：原料→清洗→去皮→精选→切分→干燥→冷却→粉碎→超微粉碎→筛分→包装→成品。

②栗子露。工艺流程：原料筛选→清洗→烘烤→去皮→破碎→软化→磨细→调配→均质→灌装→封盖→杀菌→冷却→保温→检验→包装→成品。

③板栗带肉果汁。工艺流程：板栗→去皮→护色→预煮
胡萝卜→清洗修整→蒸煮 }→混合打浆→精磨→调配→均质→脱气→灌装→杀菌→成品。

④板栗奶。原料配方：板栗浆 50kg，牛奶 30kg，白砂糖 8kg，稳定剂、风味改良剂、香精、水各适量。工艺流程：板栗→脱壳→选料→浸泡→热烫去内皮→磨浆分离→煮浆→调配→均质→灌装→杀菌→冷却→成品。

⑤板栗酒。工艺流程：板栗果预处理→大米→混合→蒸煮→陈放（拌曲）→保温→封缸（发酵）→酿制→贮存→过滤→勾兑→灌装→包装→成品。

⑥五香板栗。工艺流程：板栗→预处理→挑选分级→蒸煮处理→烘烤→抽真空包装→杀菌处理→成品。

蒸煮液配方：八角茴香 80g，桂皮 50g，丁香 15g，花椒 15g，

甘草20g，食盐400g，白糖250g，水10L。

⑦栗蓉冰淇淋。原料配方（以成品500g计）：栗子180g，牛奶50mL，鲜奶油50mL，白砂糖45g，明胶6g，香草、香精、清水适量。

制作方法：第一，栗子去外壳及内皮，放入锅中，加入清水以高过栗子为度；用旺火煮沸，再转用小火焖酥，加入白糖，再煮至糖熔化，即端离炉火；冷却后，用捣碎机打成泥。

第二，明胶用30mL水浸泡后，水浴加热溶解。

第三，将鲜奶油置于碗中，用打蛋器打成泡沫状，徐徐加入鲜牛奶和明胶液，然后加入栗子泥及香草、香精，调匀，放进冰箱冷却至4℃左右。

第四，将料液倒入手摇冰淇淋器中，搅拌均匀即为冰淇淋。

产品特点：奶油栗子味浓，是一种高热量的冷冻饮料，微带浅棕色。

⑧即食板栗糊。工艺流程：原料挑选→烘烤→剥壳→除内皮→粉碎→膨化→配料→磨粉→过筛→包装→成品。

操作要点：第一，原料选择：选取新鲜饱满、无病虫害、无霉烂的板栗。

第二，烘烤、剥壳：将板栗放入烤箱中，升温至150℃，让板栗通过受热皮壳自然爆裂，然后手工剥壳。

第三，除内皮：在夹层锅中放入适量水，加入0.1%烧碱（NaOH），升温至90℃；将去壳板栗投入其中烫3～5分钟，捞起剥除内皮，然后用干净水漂洗，再放入烘箱中烤干。

第四，粉碎：将干栗肉放入磨碎机中粉碎成2mm大小的颗粒。

第五，膨化：将板栗放入连续膨化机中，升温至400℃～500℃，膨化4～5分钟，使板栗粒糊化达80%以上，外观呈大花状。

第六，配料、磨粉、过筛：将膨化后的物料与蔗糖、品质改良剂混匀后磨粉，然后过80目筛、收集。

第七，包装：将收集的细粉先装入20g装小袋，封口；再装入聚乙烯袋中，装足10小袋，热合封口，经检验合格者装箱入库。

质量标准：第一，感官指标：色泽为淡黄色；形态为松散粉状；滋味及气味，冲调后甜度适口，细腻爽口，有板栗香气。

第二，理化指标：水分≤4%，蛋白质≥6.2%，糖分≤50%。

第三，卫生指标：符合国家规定的食品卫生指标。

下篇：核 桃

一、概 述

核桃，学名：Juglans regia，又称胡桃、羌桃、万岁子，胡桃科胡桃属落叶乔木，与扁桃、腰果、榛子并称为世界著名的“四大干果”。在我国有2000多年种植历史。根据专家考古研究及我国栽培核桃的起源研究分析，多种证据表明：我国新疆、西藏、河北、云南、湖南均有野生核桃树存在，我国有种植核桃的悠久历史，是核桃的原产地之一。核桃属干果，核桃仁味美，营养价值极高，既可生食、炒食、配制糕点、糖果等，也可以榨油、入药，故又有“万岁子”、“长寿果”之美称。由于栽植经济效益连年看涨，近年来全国各地发展迅猛，栽植规模不断扩大。

（一）分布及生产概况

1. 分布

核桃喜光，耐寒，抗旱、抗病能力强，对环境条件要求不严，对水肥要求不高；对土壤的适应性强，肥沃和瘠薄的土壤上都能生长，故而在我国广泛分布。生长在肥沃的土壤上时，因根系发达，吸收养分多，树势健壮，结果多，产量高；反之则长势差，结果少，果实小，产量低。核桃树分布的土壤类型有红壤、棕壤、紫色土等，尤以土层深厚、土壤湿润、有机质含量高、土质肥沃、理化性质好、保水、排水性能良好的沙质壤土最理想。

核桃在我国分布很广，是我国经济树种中分布最广的树种之一。辽宁、天津、北京、河北、山东、山西、江苏、湖北、湖南、广西、四川、贵州、云南、陕西、宁夏、青海、甘肃、新疆、河南、安徽及西藏等21个省（区、市）都有分布，内蒙古、浙江及福建等省（区）有少量引种或栽培。主要产区在云南、陕西、山西、四川、河北、甘肃、新疆等省（区）。水平分布范围：从北纬21°08′32″的云南勐腊县到北纬44°54′的新疆博乐县，纵越纬度23°25′；西起东经75°15′的新疆塔什库尔干，东至东经124°21′的辽宁丹东，横跨经度49°06′；垂直分布从海平面以下约30m的新疆吐鲁番布拉克村到海拔4200m的西藏拉孜，相对高差达4230m。核桃生产大致可划为三个分布中心：以普通核桃为主的大西北栽植中心（包括新疆、西藏、青海、甘肃和陕西等地区）；华北栽植中心（包括山西、河南、河北及华东的山东等地）；以铁核桃为主的云贵栽植中心，包括云南和贵州等地。

2. 生产情况

我国核桃栽培历史十分悠久，据历史资料，早在公元3世纪时，就有一定规模的栽培，其坚果已作为厚重的馈赠礼品；核桃还是古代园林绿化中的重要树种。核桃在我国2000多年的栽培历史进程中，由于分布广，地理条件和气候条件不同，加上人们长期的观察、选育，形成了极为丰富的种质资源，比如，隔年核桃、薄皮核桃、穗状核桃等。但由于过去大多采用种子繁殖，自然杂交后代变异大，栽培管理技术粗放，优势资源未被充分开发利用，核桃在产量和品质方面与核桃生产先进国家有较大差距。随着我国核桃生产形势的发展和科学技术水平的不断提高，核桃产量及品质都有了较大的提高，商品性状也有了较大改善。

核桃是我国传统栽培的重要经济林树种，产品除国内销售外，还是传统外销商品，在国际上享有盛誉。全国核桃产量情况：1949年以前，年产量5万吨以下，20世纪50年代中期达10万吨，60年代4万～5万吨，70年代7.5万～8万吨，1978年10万吨，

1980年11.74万吨，1984年12.8万吨，1986年13.6万吨，1998年26.5万吨，2004年43.68万吨，1985年世界上核桃产量最多的是美国，达19.5万吨，其次是中国，产量约为12.2万吨；1998年中国的核桃产量达26.51万吨，已上升到世界第一位；2004年美国核桃总产量32.27万吨，2000～2004年5年平均总产量为29.5万吨，而中国2004年的核桃总产量为43.68万吨，2000～2004年5年平均总产量为34.7万吨，仍遥遥领先于美国，稳定地雄居世界第一位。国内有15个省、市、自治区的年产量在1.5万吨以上，其总产量占全国核桃总产量的98.95%。

（二）核桃的功能价值

1. 营养价值

核桃营养丰富，是世界“四大干果”之一。据测定，每100g核桃仁含蛋白质14.9g，脂肪58.8g；核桃中的脂肪71%为亚油酸，12%为亚麻酸；碳水化合物9.6g，膳食纤维9.6g，胡萝卜素30μg，维生素E 43.21mg，钾385mg，锰3.44mg，钙56mg，磷294mg，铁2.7mg，硒4.62μg，锌2.17mg。就营养成分比较来说，核桃营养价值是大豆的8.5倍，花生的6倍，鸡蛋的12倍，牛奶的25倍，肉类的10倍。1kg核桃仁相当于5kg鸡蛋或9kg牛奶的营养价值。核桃含有大量的钙、磷、铁等矿物质，胡萝卜素、维生素B_2等多种维生素以及人体必需的多种微量元素，容易被人体吸收，不但可以润肤，还有防止头发过早变白和脱落的效果。我国古人早就发现核桃具有健脑益智作用。李时珍说：核桃能“补肾通脑，有益智慧”。核桃中的磷脂，对脑神经有很好的保健作用。

2. 药用价值

核桃仁在增进人体健康方面，是中成药的重要辅料，有顺气补血，止咳化痰，润肺补肾，滋养皮肤等功能。据资料记载，历史上有许多老寿星和素食家都把食用核桃作为养生养颜的主要果品。近几年有些癌症患者，经常食用核桃或核桃仁加工的副食品，有明显的控制癌细胞扩散的积极效能；现代医学证明，经常食用核桃有降低血液中胆固醇和软化血管的作用。

核桃是食疗佳果，核桃仁中含有大量脂肪和蛋白质极易被人体吸收。它所含的蛋白质中含有对人体极为重要的赖氨酸，对大脑神经的营养极为有益。不管是身体好的人还是身体不好的人，经常吃些核桃，既能强壮身体，又能赶走疾病的困扰。核桃具有独特的滋补、营养、保健作用。我国医学认为，核桃有温肝、补肾、健脑、强筋、壮骨的功能，常吃核桃不仅能滋养血脉、增进食欲、乌黑须发，还能医治性功能减退、神经衰弱、记忆衰退、润肠通便、肾结石等。

（1）促进血液循环。核桃中所含脂肪的主要成分是亚油酸，食后不但不会使胆固醇升高，还能减少肠道对胆固醇的吸收，有润肠、滋肾、降低血液内胆固醇、软化血管壁等功效，因此，常吃核桃能防止动脉硬化及动脉硬化并发症、高血压、心脏病、心力衰竭、肾衰竭、脑出血。

（2）改善消化系统功能。核桃中含有大量的多种不饱和脂肪酸、丰富的维生素A、维生素D、维生素E、维生素F、维生素K和胡萝卜素等脂溶性维生素及抗氧化物等多种成分，并且不含胆固醇，因而人体消化吸收率极高。它有减少胃酸、阻止发生胃炎及十二指肠溃疡等病的功能，并可刺激胆汁分泌，激化胰酶的活力，使油脂降解，并被肠黏膜吸收，以减少胆囊炎和胆结石的发生。

（3）保养皮肤。核桃富含与皮肤亲和力极佳的角鲨烯和人体必需脂肪酸，吸收迅速，有效保持皮肤弹性和润泽；核桃中所含丰富的单不饱和脂肪酸和维生素E、维生素K、维生素A、维生素D等及酚类抗氧化物质，能消除面部皱纹，防止肌肤衰老，有护肤护发和防治手足皴裂等功效，是可以“吃”的美容护肤品。

（4）提高内分泌系统功能。核桃能提高生物体的新陈代谢功能。最新研究结果表明，健康人食用核桃后，体内的葡萄糖含量可降低12%。

（5）对骨骼系统的益处。核桃中的天然抗氧化剂和ω-3脂肪酸有助于人体对矿物质的吸收，如钙、磷、锌等，可以促进骨骼生长，另外ω-3脂肪酸有助于保持骨密度，减少因自由基（高活性分子）造成的骨骼疏松。

（6）防癌作用。由于核桃中含丰富的单不饱和脂肪酸与多不饱和脂肪酸，其中多不饱和脂肪酸中的ω-3脂肪酸能降低癌细胞从血液中吸收亚油酸的数量，从而使癌细胞减少了一种非常需要的营养物质。

（7）防辐射作用。由于核桃含有多酚和脂多糖成分，所以核桃还有防辐射的功能，因此核桃食品常被用来制作宇航员的食品。经常使用电脑者更视其为保健护肤的佳品。

（8）抗衰老作用。核桃所含有的众多成分中，胡萝卜素和叶绿素赋予核桃金黄色，而叶绿素具有促进新陈代谢、细胞生长的作用，加速伤口愈合，还有助于美化人的外表，减少皱纹的产生。

3. 经济价值

在众多的经济林树种中，核桃树是经济价值最高的树种之一，据科学测定，核桃除果实外，其树干、根、枝、花、叶都具有一定的利用价值。核桃在国外，人称“大力士食品”、“营养丰富的坚果”、“益智果”，在国内享有“万岁子”、“长寿果”、“养人之宝”的美称。

核桃干果是我国传统的出口商品，特别是我国核桃仁品质好、含油量高、分路细，在国际市场上享有盛誉。每年出口1.3万吨以上的核桃及0.6万吨以上的核桃仁，可为国家换取大量外汇。核桃仁的营养价值很高，被广泛用于食品、烹调和医药工业。除用于生食外，还可制成美味的罐头及蜜饯等，又是高级糕点和糖果的辅料。核桃树皮、叶子和外果皮等可提炼鞣酸、烤胶和香料。核桃根可制褐色染料，壳可制活性炭，其吸收气体能力强，是国防工业上制造防毒面具的优质材料。核桃花粉量很大，营养丰富，是新兴花粉食品的重要原料；核桃木质坚硬，结构细致，纹理美观，伸缩性小，抗击力强，不翘不裂，不受虫蛀，可制高级家具和胶合板，又是很好的交通、航空和军事用材，可做枕木、车厢及枪托等。

核桃是我国传统经济型树种，适应性强，病虫害少，管理省工，果实耐贮运，可远销。栽培技术较简便，产品经济价值高，发展前景广阔；核桃树寿命长，一经种植，可多年收获；核桃树具有耐阴，对土壤酸碱度适应强的特点，是荒山坡营造经济林的良好树种，还具有开花期迟，收获期早，结果生育期不受霜冻之害，是山区开发中非常相宜的一种果树。发展核桃生产，既可绿化荒山，保持水土，又可增加收入，因其食材兼用及衍生产品经济价值高，故而成为农民朋友的主栽树种和“铁杆庄稼”。核桃成年树平均亩产300～350kg，单价在20元/kg左右，亩产值6000～7000元，经济效益高。

二、生物学特性

（一）形态特征

核桃为多年生高大落叶乔木，高20～35m，最高树龄可达千年。树皮灰白色，幼时平滑，老时浅纵裂。小枝被短腺毛，具明显的叶腺和皮孔；冬芽被芽鳞；髓部白色，薄片状。奇数羽状复叶，互生，小叶5～9枚，有时13枚，先端1片常较大，椭圆状卵形至长椭圆形，先端钝圆或锐尖，基部偏斜，近于圆形，全缘；表面深绿色，有光泽，背面淡绿色，有侧脉9～11对，脉腋内有一簇短柔毛。花单性，雌雄同株异花，雄葇荑花序腋生，下垂，长5～10cm，花小而密集，长圆形，小苞片2枚，雄花有苞片1枚，长卵形，花被片1～4枚，均被腺毛，雄蕊6～30枚；雌花序穗状，直立，生于幼枝顶端，通常有雌花1～3朵，总苞片3枚，长卵形，贴生于子房，花后随子房增大；花被4裂，裂片线形，高出总苞片；子房下位，由2枚心皮组成，花柱短，柱头2裂，呈羽毛状，鲜红色。果实近球形，核果状，直径4～6cm，外果皮绿色，由总苞片及花被发育而成，表面有斑点，中果皮肉质，不规则开裂，内果皮骨质，表面凹凸不平，有2条纵棱，先端具短尖头，内果皮壁内具空隙而有皱折，隔膜较薄，内里无空隙。花期5～6月，果期9～10月。

（二）生长结果特性

核桃根系深广，干性较强，枝条顶端优势现象特别明显，中下部侧芽多呈休眠状态或萌发后自行干枯脱落，故树冠中枝条较稀疏。

核桃枝条中上部的侧芽常为复芽，呈上下叠生排列。有雌花芽与叶芽叠生，叶芽与雄花芽叠生，雄雌花芽叠生，双雄花芽叠生和双叶芽叠生等多种形式。枝条基部的芽则常成隐芽。枝条一年中可有两次生长高峰，形成春梢和秋梢。枝条分枝角度较大，树冠开张。成年树下部弱枝易横向生长，形成强势的背后枝，扰乱树形。

核桃属风媒花，雌雄同株异花。雌花着生在结果新梢的顶部，单生或2～3花簇生。雄花聚集成葇荑花序。同一植株上雌、雄花花期常不一致，有雌、雄异熟现象，影响授粉（个别品种具有一定的孤雌生殖的能力），是造成低产原因之一。果实生长期较长，前期主要增长体积，中后期是果壳硬化和种仁充实时期。果实外包有肉质总苞，成熟后自然开裂。多数品种生理落果较重，自花后10～15天开始，到果壳硬化期基本结束。健壮结果母枝的顶芽所抽生的结果枝坐果率高，且能连续结果多年；短弱结果母枝或侧混合芽所抽生的结果枝坐果率较低。目前我国已选育出侧芽结果率高达 60%以上的品种。

根据着生芽的种类，可将一年生的枝条分成生长枝、结果母枝、雄花枝三种。枝上仅着生叶芽（偶尔也着生雄花芽）的为生长枝，位于树冠外围，生长充实者是扩大树冠和形成结果母枝的基础枝条。枝条顶部 1～3 节（有的品种可更多）着生混合芽（雌花芽），第二年能抽生结果新梢开花结果者为结果母枝，结果母枝上除混合芽外，其下还着生叶芽和雄花芽。枝条上只着生雄花芽和叶芽，第二年只产生雄花序而不能结果的称雄花枝。这种枝条一般生长短而弱，多在老弱树及树冠内膛郁闭处着生。雄花序脱落后，顶芽以下即光秃。

核桃始果年龄与品种和繁殖方式有关。一般嫁接苗定植后 2～3 年即可挂果，4～5 年即可进入丰产期；实生苗需 8～10 年方能挂果，20～30 年进入盛果期，经济寿命很长。

（三）对环境的要求

1. 海拔

核桃属温带树种，主要分布在暖温带和北亚热带，大量栽培区处于北纬 10°～40°。北方地区多分布在海拔 1000m 以下，秦岭以南多生长在海拔 500～1500m 的地方；西藏核桃分布最高在海拔 4200m。湖南省宜在海拔 300～700m 的低山处种植。

2. 温度

核桃适宜生长在无霜期 150～240 天，年平均温度为 10℃～21℃，产区主要分布在 8℃～16℃的范围内。核桃能忍耐的绝对最低温度为－30℃，但低于－28℃～－26℃，枝条、雄花芽及叶芽易受冻害，幼树在－20℃条件下出现冻害；核桃能忍耐绝对最高温度为 35℃～38℃，高则易出现核桃嫩枝、芽日灼，同时导致核桃仁发育不良或变黑，形成空苞。

3. 土壤

核桃属深根性果树，要求土壤深厚肥沃，土层厚度不少于 1m（土层过薄不利于根系生长发育，易形成“小老头树”和出现“焦梢”现象，不能正常生长和结果。），土壤结构疏松，保水和透气良好的沙壤土和中壤土，过干过湿都不宜。核桃喜钙，适宜土壤 pH 值为 5.5～7.0，最佳为 6.5～7.8。

4. 光照

核桃属喜光树种，适宜于背风阳坡或平地栽植，盛果期要求全年日照量在 1000～2000 小时，否则不利于开花坐果及果仁发育。

三、核桃的主要品种

我国原有的和陆续引进栽培的核桃有 9 个种。其中分布广、栽培品种多的有两种，即普通核桃和铁核桃。我国各地栽培的优良品种大多属于普通核桃。铁核桃又名漾濞核桃，主要分布在云南、四川及湖南、贵州一带，该种核桃性喜湿热而不耐干冷，是与普通核桃不同的另一种。此外，尚有野生的核桃楸和野核桃等都是同属植物。

根据开始结实的早晚和核壳的厚薄，可将核桃分为早实核桃（播种后 2～4 年结果）和晚实核桃（播种后 5～10 年结果）两大类群；从类型上又可分为：纸皮壳类、薄壳类、半薄壳类、厚壳类。下面简单介绍目前我国的几个优良品种。

（一）山核桃

产于湖南靖州以及贵州、广西等省、区海拔 900～1000m 的地方。属我国原有品种。树高 30m 左右，皮光滑；奇数羽状复叶，小叶 5～7 片。坚果卵形或广椭圆形，顶端大，壳厚，每千克约有 90 粒，种仁肥大，常 4 裂，经脱涩后味美，供炒食或加工糖果糕饼用料，也可榨油。含蛋白质 7.23%，含油率 48%～53%（多者达 69%），每 100kg 坚果可榨取高级食用油 27～30kg。

缺点：山核桃由于树体高大，不便管理，进入丰产期迟。

（二）长山核桃

又名薄壳山核桃，美国长山核桃，原产美国。与山核桃是同属异种植物。1900 年左右引入我国，目前我国引种分布较广。长山核桃其坚果种仁味美，在胡桃果树中品质最佳，可生食，炒食或作糖果，亦可榨油；木材坚固强韧，纹理致密，可作国防用材或制作精美家具。树姿雄伟，宜作行道树或河岸水库堤旁树，容易繁殖，除嫁接外可根插、枝插，适宜南方温暖、湿润环境种植。

缺点：长山核桃由于树体高大，不便管理，进入丰产期迟，较多品种的雌雄花不能同时开，需进行人工辅助授粉来提高坐果率。

（三）漾濞核桃

又称大泡核桃，是南方核桃的主要品种之一，原产于有“中国核桃之乡”的云南漾濞。其树势中等，树姿开张，树冠圆头形。结果枝为中短枝型，每果枝坐果 2～4 个。单果重 13.8g，壳厚仅 1mm 左右，仁饱满，取仁易，出仁率高；丰产性好，品质极上等，9 月上旬成熟。优点：早实丰产，3～5 年挂果，盛果期亩栽植 20～30 株，产量达 300～600kg，经济收入高；优质，核桃果大、壳薄、仁白、味香，营养丰富，出仁率高（出仁率 55%～70%）；生长旺盛，抗逆性强，适宜种植范围广，海拔在 1000～3000m 的地区均可种植。

（四）薄壳香

主要产于北京市地区，壳厚 0.08～0.10cm，出仁率 46%，出油率 72%，品质佳，目前种植数量少，应大力繁殖推广。

（五）香玲

树势较旺，直立性强，中熟品种，单果仁重6.6g，二年见果，三年单株产量6kg，壳光华美观，出仁率60%，风味好，抗病性强。

（六）辽核4号

晚熟品种，平均单果重6.62g，丰产性强，三年生株产5.5kg，出仁率57%，抗病性强。

（七）中林1号

中熟品种，平均单果仁重6.6g，出仁率55%，三年单株产量10kg。

（八）元丰

产山东省，树冠开张，呈半圆形，树条密，较短，新梢绿褐色，为雄性花先开型早实品种，每果枝平均坐果率1.95个，坚果平均重10.27～13.48g，壳面光滑，美观，商品性状好，壳厚1.3mm，仁饱满，种皮黄色，微涩，品质中等，出仁率46.25%～50.5%，仁脂肪含量68.66%，蛋白质19.23%。元丰核桃主要特点是丰产，对黑斑病、炭疽病有一定抗性，坚果品质中等。

（九）丰辉

早熟品种，树姿较直立，生长势中等，树冠呈半圆形，以中短枝结果为主，每果枝平均坐果1.6个，平均单果重9.5～15.4g，较光滑，美观，壳厚0.9～1.0mm，取仁极易，仁饱满，味香，无涩味是该品种的主要特点，出仁率54.6%～61.2%，仁脂肪含量61.7%。丰产，坚果品质上等，对黑斑病、炭疽病具有一定抗性，适宜在土层深厚、较肥沃的立地条件下栽培。

四、繁育技术

核桃原来一般都用种子繁殖，大多数都是地方性的实生品种类型，极少存在由无性繁殖形成的品种。种子实生繁殖简单易行，但结果迟，且容易发生变异，影响果实的商品性。随着规模种植扩大，要求选择适宜本地的优良嫁接苗木品种，以达到优良性状稳定、早实丰产的效果。湖南建核桃园应采用以山核桃、漾濞核桃为主，间种薄壳香、中林 1 号、元丰、丰辉等品种，贵州的串核桃、双季核桃也可以种植。

繁殖方法：种子繁殖、嫁接繁殖、扦插繁殖均可，生产上常采用种子育苗和嫁接繁殖。移栽定植可在秋季落叶后至翌年春季发芽前进行，但春植宜早莫迟。

（一）播种育苗

可秋播或春播。种子成熟后用湿沙贮藏。如种子干藏春播的，播种前需用温水浸种 5～7 天，每天换水 1 次，以促进种子吸水膨胀，果壳裂口，待果壳破损露芽时，分批播种，以提高出苗率。播前深翻土地，施足基肥，整平苗床，开好排水沟。条播按行距 30～40cm，株距 10～15cm 进行，播后 1 月左右出苗。5～6 月追施人畜粪肥，7～8 月施过磷酸钙进行根外追肥。冬季苗木要注意防寒。

（二）嫁接繁殖

嫁接繁殖是实现良种化、早实丰产的重要环节。它具有保持母株特性、早结果、易丰产、商品价值高、可充分利用优质野生资源等优点。

1. 嫁接常用砧木

作为核桃嫁接的砧木，我国常用的有以下几种：

（1）共砧。用普通核桃实生苗为砧木

（2）核桃楸。原产我国，具有抗寒、抗旱、适应性强等特点，适于北方省份采用。

（3）铁核桃。产于云南漾濞地区。云南、贵州、湖南等省常用作砧木。

（4）野核桃。原产我国，分布于湖北、江苏、云南、四川、湖南等省，并在当地用作砧木。

（5）枫杨。南、北各省均有分布。喜生在小溪、河流边，也可生长在干旱地。根系发达，适应性强。

总而言之，嫁接砧木的选取要根据各地的实际情况来选择，以本地适生、抗性强、培育方便简单、嫁接成活率高为原则。

2. 接穗的采集和收藏

（1）枝接接穗的采集与贮藏。枝接接穗最好于芽萌动前采集，随采随用。外地采集接穗时，可在上年秋季修剪时或芽萌动前20天进行，从良种树或采穗圃内剪取生长健壮、发育充实的中长发育枝，也可用中长结果枝。剪成3个芽一段，在95℃～100℃石蜡中速蘸，打捆封好，并标注品种名称，放在10℃以下的地窖中贮藏备用。

（2）芽接接穗的采集与贮藏。芽接接穗必须从当年生健壮发育枝和结果枝上剪取，并用接穗上成熟饱满的叶芽进行芽接，随采随接。预先采集要立即去掉复叶，打捆标明品种，放于阴凉处，随时洒水保持湿度，备用。外地采集必须用湿润的苔藓或木屑保湿，并用塑料薄膜包装，及时运输，及时嫁接。

3. 嫁接时间及方法

（1）嫁接时间。嫁接以春季枝接（皮下接或劈接）为主。核桃树在休眠期有伤流现象，嫁接的物候适宜期应比其他果树推迟，否则影响成活。枝接通常在砧木萌芽后至展叶期10天左右进行，接穗应提前剪取，并保湿贮于0℃～5℃的低温处。接芽选择中下部发育充实的当年生新枝，雄花枝不能用作接穗和接芽。芽接在7～9月进行，多用方块芽接法。

（2）嫁接方法。分芽接和枝接。要注意核桃树皮内单宁较多，易形成接口的隔离层，嫁接操作要迅速，削面平滑；砧木伤流多，对接口愈合不利，直接影响成活率，要注意在锯接头时，于树干基部距地面30cm处，螺旋式锯三四个锯口，深入木质部1cm左右，并在树干上适当留些拉水枝，伤流少后及时除去，以免影响接口愈合和接穗长势。其他主要操作方法与其他果树嫁接方法一致。

4. 嫁接后管理

嫁接后20～30天即可萌芽抽枝。为使嫁接苗生长茁壮，应及时除去砧芽，剪去砧梢，绑枝防风，防病治虫和施肥灌水。在春季2月下旬至3月上中旬、秋季10月下中旬至11月上中旬移栽。先选地整地，熟化土壤，培肥地力，做到各种必需元素（氮磷钾等）合理匹配，清除杂草，并在地表均匀喷洒树将军400倍液消毒杀菌，搞好土壤消毒。按行株距7m×8m挖穴，穴径1m、穴深0.8～1m，底层施腐熟厩肥，每穴栽种1株，填土，踏实，浇足定根水。在苗龄2～3年、苗高1m以上、干径不小于1cm时就可起苗栽植，建立果园。

五、栽植技术

种植核桃树要想获得丰产、稳产，必须坚持因地制宜、适地适树的原则。种植的核桃品种要与所在地的地理环境、气候类型和土壤条件等相一致，并掌握好科学的栽培方式和管理方法，要避免盲目引种，造成不必要的经济损失。

建立核桃园主要包括：园地选择、栽植方式和密度、授粉树配置、品种选择与配置、栽植、栽后管理。

（一）园地选择

核桃对环境条件要求不严，在年平均气温9℃～16℃，年降雨量500～800mm，海拔600～1200m的地区均可种植。其对土壤的适应性比较广泛，但因核桃是深根性果树，且抗性较弱，应选择深厚肥沃、保水力强的壤土为宜。核桃要求光照充足，山地建园时尽量选择南坡。

（二）栽培模式及密度

首先选定核桃品种，再根据不同的立地类型和管理水平来选择合理的栽培方式。栽培模式主要有三种。

1. 矮化密植园

树高不超过3m，树型应修剪成开心型；种植密度：行距2～2.5m，株距在4m左右。

2. 中等密度园

树高为3.5m，树型以开心型或小冠塔型为主。种植密度：行距为3m，株距为4～5m。

3. 林粮间作模式

树高不超过4m；种植密度：行距4～6m，株距8～12m。

（三）授粉树配置

核桃为雌雄同株异花风媒授粉。一般同一植株上雌花与雄花不同时盛开，故要求不同植株间进行授粉。南方雌雄花开花期间，多阴雨，气温低于10℃，或降温幅度大，花粉粒大而重，有效授粉距离短，可授粉距离150m，有效授粉范围50m左右；另其花粉活力低，有效授粉时间短，对传粉坐果极不利。建园时最好选用2～3个能够互相提供授粉机会的品种。如某一品种选为主栽品种，可每

2～3 行配置 1 行授粉品种，原则上主栽品种与授粉品种的最大距离应小于 50m，授粉品种比例为（2～3）：1，并辅以人工授粉，核桃园才能获得丰产。

（四）品种配置

品种配置的主要目的是实现适地适树。一般原则是本地优良品种和外来优良品种搭配，早熟品种和晚熟品种搭配，长枝型和短枝型品种搭配。

湖南省发展核桃的地区大致分成三个类型：一是平原地区，提倡建立矮化密植园，优良品种选择辽核 4 号、香玲、丰辉等短枝型品种。它们的果型、外壳厚薄、出仁率都比较理想，丰产性比较强，适应性也比较好。二是丘陵山区，提倡采用中林 1 号、中林 3 号、河南的薄丰、北京的薄壳香，它们在中部地区 500mm 降雨量的地方，果实个头较大，形状好，很丰产。三是海拔 500m 以上山区，是湖南核桃栽培的主要地带，采用本地靖州山核桃、美国山核桃、漾濞核桃为主，间种贵州的串核桃、双季核桃、薄壳香品种，经济效益理想。

（五）栽植方法

1. 苗木选择

选用品种纯正、主根及侧根完整、无病虫害的 2～3 年生壮苗。苗高 1m 以上，干径不小于 1cm。核桃苗木侧根少，不耐移栽，起苗后应迅速定植，苗根不可暴露太久，栽植前后都要注意保湿。

2. 栽植时间

有春栽和秋栽两种。秋季（9～11 月）或萌芽前定植最为适宜。秋栽树萌芽早，生长壮，但应注意冬季防寒。对冬季气温低、冻土层深、多风的北方地区，在早春土壤解冻之后即可栽植。湖南省移栽定植可在秋季落叶后至翌年春发芽前进行，春栽宜早莫迟，冬栽比春栽易成活。

3. 整地

秋季采用环山水平挖定植穴，一般株行距 5m×5m 或 5m×6m，每亩栽植 22～27 株。挖穴深为 0.7m，宽 0.8m，表土、底土分开。栽植前每穴施 0.2～0.3kg 钙镁磷肥或 0.3～0.5kg 腐熟饼肥，并将表土、土粪或厩肥混合填入坑底。

4. 定植

定植苗木最好由两人操作，一人扶持苗木，另一人填土。扶持苗木的人一要掌握栽植深度，要用手舒展根系。苗根全部用细土埋严后再轻轻向上提动苗木，使土与根系密接，再覆土埋严、踩实，做到根舒、苗正。苗木在穴中的深度应与其原在苗圃中的深度相同，过浅，易遭干旱、冻害和病害，过深，缓苗慢、苗木生长不健壮。但各地的土质不同，栽植深度可有一定的差别，一般沙地栽植可稍深些，黏土地栽植可略浅。栽后修好树苗，浇足定根水。

5. 注意事项

苗木起挖后要将苗木的伤根及烂根剪除，放入水中浸泡半天或根系蘸泥浆，使根系吸足水分，确保成活率；在运输过程中机械损伤的苗木，剪除其伤根、烂根；对土壤黏质或下层为石砾的土地，挖定植穴时应适当加大，并须采用换土、增肥等方法改良土壤，为根系及苗木以后生长创造条件，否则，即使栽植成活，也结果不良。

北方秋季定植苗木，应于土壤结冻前将苗木弯倒、埋土或整树套塑料袋，并填满湿土。来年萌芽前撤去膜、扒开土、放出苗木即可。近年来发现在枝条上涂凡士林即可起到防寒作用，也可省工日、工序。

栽后检查成活情况，苗木死亡的，要及时补栽。定植苗木萌芽后，即可整形定干，整形成自然半圆形或自然开心形。定干高度参见整形修剪部分。剪口距芽的距离应保持 2cm 左右，定干后剪口要涂漆。

六、核桃园丰产管理技术

核桃喜凉爽干燥气候，怕湿热、涝、盐碱。在年平均气温10℃～14℃，绝对最低气温－25℃以上，年降水量400～1200mm时生长正常。丰产管理技术主要包括：土壤、施肥、灌水、整形修剪和病虫害防治等。

（一）土壤管理

1. 松土除草

土壤是核桃树生长的重要环境条件之一。土壤状况和管理水平制约着核桃树的生长和结果。为了促进幼树生长，每年要进行多次中耕除草和松土，减少土壤水分蒸发，改良土壤通气状况，促进土壤难溶养分的分解，提高土壤肥力。每年生长季内要做到“有草必除，雨后必锄，灌水后必锄”。如果人力不够，每年有两次除草必须进行，一是开花以后，二是入伏以前，这两次除草不仅应及时，而且应深锄，从而可有效控制草荒，达到疏松土壤、蓄水保肥的目的。近年来由于工价上涨、劳力缺乏等原因，除草多采用除草剂，但松土仍是必不可少的环节。

2. 耕作

对核桃园进行深耕压绿是改良土壤、提早幼树结果和大树丰产的有效措施。深耕在春、夏、秋三季均可进行，春季于萌芽前进行，夏秋两季在雨后进行，将杂草埋入土内并结合施肥。从定植穴处逐年向外进行深耕，深度以60～80cm为宜，防止损伤直径1cm以上的粗根。

（二）抚育与施肥

核桃幼树生长较慢，土地可间作豆科作物或绿肥等矮秆经济作物，达到以短养长的效果。成年果园每年 4～9 月用除草剂除草 2～3 次，秋冬中耕一次。春季每株施尿素 0.125kg，秋季每株施磷肥 0.25kg；7～8 月阳光强烈，土地干燥，要用树叶或杂草覆盖树盘，以减少水分蒸发。成树花期增施磷、钾肥；果期施氮磷钾混合肥。

1. 肥料种类

(1) 有机肥。即厩肥、堆沤肥、人粪尿、饼肥、绿肥等。有机肥料所含的营养元素比较全，含有多种微量元素；肥效较高，而且长效，有改良土壤结构、调节土温的作用。核桃园多为山地、丘陵，土层瘠薄，有机质含量低，为保证核桃高产稳产，每年均应施大量的有机肥料。

(2) 无机肥。通称化肥。一般都具有某一种养分含量高、速效性强、施用方便等特点。长期单独使用一方面会使土壤板结，另一方面会使植物营养不平衡，一般应与有机肥料配合使用。无机肥料肥效迅速，但持效期短。

2. 施肥时间

追肥是在核桃需肥的关键时期或者为了调节生长和结果关系时应用，是基肥不足的补充。追肥主要是在树体生长期进行，以保证核桃当年丰产和健壮生长。根据核桃幼树生长及结果特点，追肥在以下三个时期进行。

(1) 开花前。此期正值根系第一次生长期与萌芽开花所需养分的竞争期。此期追肥有利于促进生长，减少落花，提高坐果率。这次追施以速效性氮肥为主，可追施硫酸铵、硝酸铵、尿素等。时间是 3 月下旬，施肥量为全年施肥量的 30%。

(2) 开花后。主要作用是减少落果，促进幼果的迅速膨大，新梢生长和为花芽分化做准备。追肥种类以速效性氮肥为主，同时应增施适量磷、钾肥。追肥量占全年追肥量的20%。

（3）硬核期。一般进入硬核期后，果实生长逐渐转缓，种仁开始充实，此时追肥可满足种仁发育所需要的大量养分。同时此时也是花芽分化的关键时期，充足的碳水化合物积累，也有利于花芽分化，为第二年的丰产稳产打下基础。以氮、磷、钾复合肥料为主。追肥量占全年追肥量的20%。

氮和钾是核桃的主要组成元素，而氮多于钾，增施氮肥能显著提高产量和品质。在缺磷的土壤中必须补充磷和钙，同时还要增施有机肥。对核桃幼树施肥应采取薄施勤施的原则，定植当年至发芽后开始追肥，每月1次，到9月底施一次基肥；第2～4年，每年于3月、6月、8月、10月共施4次肥即可。

3. 施肥量

成年树（指嫁接苗定植第4年后）每年施基肥1次，追肥2次即可。基肥于秋季采果后结合土壤深耕压绿时施用（9～10月），亩施有机肥5000kg，磷肥50kg，草木灰100kg，尿素15kg。追肥共施2次，第一次追肥于发芽前施用，亩施猪粪水1500kg，尿素20kg。第二次追肥于硬核期（6～7月）施用，以利于增加果重和促进花芽分化，可亩施猪粪水2500kg，尿素30kg，硫酸钾20kg，过磷酸钙20kg。

一年中，核桃在8月中旬至10月根系正处于生长活动的高峰时期，土壤水分状况也较好，树体积累和贮藏的养分最多。秋施有机肥可提高土壤孔隙度，有利于果园积雪保墒，防止冬春土壤干旱，并可提高地温，减少根际冻害。

4. 施肥方法

（1）根部施肥。可以采用环状沟施肥、行间沟施、穴状施肥、辐射状沟施肥。

（2）叶面喷肥。可以喷施0.3%～0.5%尿素、0.3%～0.5%氯

化钾、1.0%～3.0%过磷酸钙浸出液等。

（三）灌水

核桃喜湿润，耐涝，抗旱力弱，灌水是增产的一项有效措施。生长期间若土壤干旱缺水，则坐果率低，果皮厚，种仁发育不饱满。施肥后如不灌水，也不能充分发挥肥效。因此，在开花、果实膨大期、施肥后等各个时期，都应适时灌水。结果树、幼树要在树体萌发以前浇一次萌芽水，以补充冬季损失的水分，促进新梢生长、花芽分化，还可以降低地温，延迟花期，避免晚霜危害。

灌水的时间、数量和方法可根据当地气候条件、土壤水分状况、降雨状况及核桃生长发育情况而定，一般年灌水 3～4 次即可。在水分比较多的时候，容易发生黑斑病、炭疽病、腐烂病及其他一些溃疡病等，因此一定要合理控制水分供给。

在立夏后易出现高温干旱天气，这时叶片易萎蔫，妨碍正常的蒸腾作用和光合功能。尤其对定植 1～2 年的树，根系比较浅，抗旱性差，此时更需灌水；冬季结合翻地施入基肥，在土壤结冻前充分灌水，可促进根系吸收，增加贮藏养分的积累，提高树体积累养分水平。

（四）修剪与整形

1. 修剪与整形的原则

核桃树的整形修剪应根据品种、树龄、立地栽培条件、气候条件、技术水平、经济基础等因素进行综合考虑。早实品种在幼树期应以培养树形为主，防止过早结果形成小老头树，在开张角度的同时适当对骨干枝的枝头进行短截，促进其生长，使其尽快成形。对于盛果期的早实核桃树要适度短截和回缩，以保持枝头和结果枝组的生长势，延长其结果寿命。中晚实品种在幼树期因为长势较旺，以顶芽结果为主，因而在幼树期要轻剪长放、开张角度，增加中短枝的比例，促进其多成花、早结果。进入盛果期的中晚实品种主要是注意开张角度，疏除过密辅养枝，改善树体的通风透光条件，对于连续结果多年的结果枝要适度回缩，以保持其健壮的生长势。

2. 整形

核桃是喜光性树种，需要充足的光照。树形一般采用疏散分层形或自然开心形两种。核桃树干性强，芽的顶端优势特别明显，顶芽发育比侧芽充实肥大，树冠层次明显，结合此特性，以采用主干疏层形为宜。其整形方法为：干高 50～80cm（若当年幼苗不够高度，可待苗木生长一年后再整形），定植当年不作任何修剪，只将主干扶直，并保护好顶芽（若顶芽损坏，可选一壮芽代替），待春季发芽后，顶芽将向上直立生长，将其作为中心干；5～6 月选分布均匀、生长旺盛的 3～4 个侧枝为第一层主枝，将其余新梢全部抹去。第二年按同样的方法培育第二层主枝，第二层保留 2～3 个主枝，与第一层相距 60～80cm。第三年选第三层主枝，保留 1～2 个主枝，与第二层相距 50～70cm。1～4 年主枝不用修剪，可自然分生侧枝，扩大树冠。一般 3～4 年成形，成形时树高 3～5m。核桃有发生分枝较晚、树体较旺及背后枝易强等特点，在整形中还应掌握定干高度较高（1～1.5m）和定干时期较晚，层间距和主枝上第一副主枝（即侧枝）距中心干的距离均应适当扩大，以及不宜选留背后枝作副主枝等要求。树冠开张、干性弱的品种和立地条件较差的情况下可采用自然开心形树形，每株选留主枝 2～3 个，从每个主枝上再选留 3～4 个副主枝填补空间。

（1）幼树整形。幼树修剪主要是对干扰树形的一些枝条进行处理。如早实核桃易产生大量二次枝和雄花枝，有时还易发生徒长枝，需留用的二次枝和徒长枝应及时摘心或短截，培养成结果枝组，其余应及早疏除。对易喧宾夺主的背后枝，位于第一层主枝和副主枝上的一律从基部疏除。位于第二、第三层主枝和副主枝上的，根据需要和长势强弱决定去留，留用的背后枝长势旺时可以进行摘心或重回缩，改造形成枝组。

（2）成年树整形。成年大树要及时疏除外围过密枝、下垂枝，并缩剪、改造占据空间较大的辅养枝，以改进树冠内的光照条件。当树冠中短枝和雄花枝比例增多时，表明树体已渐趋衰弱，应及时进行更新复壮。对结果枝组可去弱留强，回缩更新，并充分利用树冠中发生的徒长枝，加以改造利用，以增加壮旺枝的比例。当出现焦梢或大、中枝枯死时，表明树体已趋衰老。可逐年回缩更新各级骨干枝，利用核桃隐芽寿命长的特点，重新形成新树冠，恢复结果能力。

3. 修剪

核桃进入结果期树冠仍在继续扩大，结果部位不断增加，容易出现生长与结果的矛盾，保证核桃达到高产稳产是这一时期修剪的主要任务。从结果初期开始，有计划地培养强健的结果枝组，不断增加结果部位，防止树冠内膛空虚和结果部位外移。进入盛果期后，应加强枝组的培养和复壮。

（1）修剪时期。落叶后至发芽前的休眠期间，核桃有伤流现象，故不宜进行修剪。其修剪时期以秋季最适宜，有利于伤口在当年内早愈合。幼树无果，可提前从8月下旬开始；成年树在采果后的10月前后，叶片尚未变黄之前进行修剪为宜。

（2）结果枝的修剪。核桃结果母枝的顶芽是混合花芽，一般不可短截，只剪去密生的细弱枝、枯枝、病虫枝、重叠枝，使通风透光，促生健壮的结果母枝和发育枝。树冠外围1年生长的健壮枝常是明年的结果母枝，一般不短剪；但结果母枝过多时，会造成树冠郁闭，影响通风透光，需适当剪去部分细弱的结果母枝，以稳定产量、促进树体正常发育。

（3）延长枝的修剪。对15～30年生的盛果期树，树冠外围各组主枝顶部抽生的1年生延长枝，可在顶芽下2～3芽处进行短截，如顶部枝条不充实，可在饱满芽处剪截，以扩大树冠和增加结果部位。

（4）徒长枝的修剪。徒长枝大多由内膛骨干枝上的隐芽萌发形成，在生长旺盛的成年树和衰老树上发生较多，过去多从基部剪去，称为“清膛”。近年来开始利用徒长枝结果。据河北、山东等省的经验，内膛空虚部分的徒长枝，可依着生位置和长势强弱，在1/3～1/2有饱满芽处短截，剪后2～3年即可形成结果枝，增补空隙，扩大结果范围，达到立体结果的目的。

（5）下垂枝的修剪。在分叉处回缩，同时剪除干枯病虫枝，过密的下垂枝要逐年剪除。5月上中旬对修剪后枝条上的萌枝、新梢进行选留工作，选择培养新的骨干枝及结果枝组，剪除背上枝、直立枝、过密枝、交叉枝。

4. 环割促花果

晚熟品种的核桃实生苗树体高大，干性强，营养生长期长。为促进幼树早开花、早结果，对骨干枝可适当短截。通常在进入盛果期（10～15年）去顶，控制树高在5m左右。当核桃生长4～5年时，根据树势及生长情况，可在主枝基部树皮上进行螺旋状环割，环割时期在6、7月，通过环割可抑制营养生长，促进花芽分化，提早结实。湖南省林农有砍剁核桃树皮，促开花、结果的习惯，原理同此。

（五）其他管理

1. 人工辅助授粉与疏除雄花序

核桃人工辅助授粉可提高坐果率10%～30%。在雌花柱头开裂呈“倒八”字形，柱头分泌大量黏液时，于上午9:00～10:00，开展人工辅助授粉，效果比较理想。

疏除雄花。成年核桃树雄花数量很大，雄花发育过程中需要消耗大量营养和水分，盛果期树可疏除75%～80%，有利于增加产量。疏除过多的雄花可减少树体内养分和水分的消耗，供给雌花发育和开花坐果，从而提高产量和品质，并有利于新梢生长和增强树势。疏除雄花的时期以早春为宜，以雄花芽休眠期到膨大期疏除雄花效果最好。“疏雄”数量应根据雄花芽数量多少和混合芽与雌花芽的比例决定。如不开展人工辅助授粉的，雄花就不宜疏除过多。对于混合芽较多，雄花芽较少或很少的植株，则应少疏或不疏雄花。疏雄花的方法可结合修剪，用带钩竹竿将枝条拉下用手掰除。

2. 季节管理

核桃树适应于土壤深厚、疏松、肥沃、湿润、气候温暖、凉爽的生态环境。根据核桃树的生长特性，要分季节开展全面的技术管理，以实现幼树早果早丰产、大树稳产高产。春、夏、秋、冬四季管理工作具体如下：

（1）春季。清明前后主要进行涂白、施基肥、浇水、病虫害防治、整形修剪等管理。早春用“护树将军”对枝干涂白，然后再对全园喷洒，不但能消毒、防霜冻、保温和消除越冬病虫害，而且可以恢复核桃树生命系统早苏醒。对于上年未施基肥的果园，应随即施肥浇水，并及时浅锄保墒。

（2）夏季。夏至前后主要开展病虫害防治、修剪、除草抚育、堆肥等管理。夏季是核桃树生长最旺盛的时期，这期间树体生长发育的好坏直接影响树体的形成、结实的早晚及产量的高低。夏季必须增施追肥，采用放射状、穴状、沟状施肥，深度30cm，施后覆土，以保花、壮果、防落果。在6～7月注意防治病虫害。在生长期进行修枝，干高保持在3m以上。夏季可间作一些矮秆农作物如黄豆、薯类、瓜类、花生等，追肥、灌溉、排涝、松土除草等工作可果粮同时进行。

（3）秋季。主要进行中耕、除草、整形修剪、病虫害防治等管理。修剪时期及主要任务是在核桃采收后至叶片发黄以前进行（9月中旬至11月初），疏除过密枝和遮光枝；回缩下垂枝；调整树体骨架结构。弱树、老树及山坡地核桃树秋剪可促壮。秋末用刀刮除感病树皮，并涂抹“护树将军”防治干腐病、溃疡病等病害。将枯枝、死枝、病虫枝集中烧毁，清除越冬菌源。剪后全园喷洒“护树将军”，灭菌防冻。

（4）冬季。是核桃树冬眠期，主要进行整修地堰、浇园、施基肥等管理。充分灌水，结合翻地施入基肥，提高养分积累。北方地区幼树容易发生抽条，即“干梢子”，需要对幼树进行埋土越冬或枝条涂凡士林越冬。

七、主要病虫害及其防治

核桃的病虫害相对较少，一般防治方法：秋末用刀刮除感病树皮，并涂抹100倍百菌清液防治干腐病、溃疡病等病害；冬季做好清园工作，及时剪除病虫枝、干枯枝集中烧毁，减少病虫源。

（一）主要病害及其防治

核桃主要病害有：核桃白粉病、褐斑病、腐烂病、溃疡病、炭疽病。

1. 核桃白粉病

【发病情况】 常见的是由两种白粉菌引起的病害，每年7～8月发病，危害叶片幼芽和新梢。发病初期叶片褪绿或出现黄斑，严重时叶片扭曲皱缩，幼芽萌发而不能展叶，在叶片的正面或反面出现圆片状白粉层，后期在白粉中产生褐色或黑色粒点。

【防治方法】 ①连续清除病叶、病枝并烧掉，减少越冬菌源；加强管理，增强树势和抗病力。

②7月发病初期用0.2～0.3°Bé石硫合剂或50%甲基托布津1000倍液喷施。

2. 核桃褐斑病

【发病情况】 主要危害叶片、果实和嫩梢，可造成落叶枯梢。

叶片感病后，先出现中间呈灰色的近圆形小褐斑，病斑上略呈同心轮纹排列的小黑点。病斑增多后呈枯花斑，果实表面病斑小而凹陷；嫩苗上呈椭圆形或不规则形病斑。一年多次侵染，5～6 月发病，7～8 月为盛期。

【防治方法】 ①清除病叶和结合修剪除病梢，深埋或烧掉。

②开花前后和 6 月中旬各喷一次 1∶2∶200 倍波尔多液或 50% 甲基托布津可湿性粉剂 500～800 倍液，采取清除病枝落叶，刮除树干基部粗皮，涂抹 5～10°Bé 石硫合剂或 50%甲基托布津进行防治，7～8 月喷 3 次 50%多菌灵 600 倍液。

3. 核桃腐烂病

【发病情况】 一年中春秋两季为发病高峰期，春季危害最重，4 月上中旬至 5 月为发病主要时期，主要危害树皮。核桃有流黑水现象，因而也叫黑水病。特别是核桃树受冻害后易发生次生病害，发现后必须及时处理。

【防治方法】 ①加强管理，提高树体营养水平，增强树势，是抗病防病的基本途径。

②及时检查，刮除病斑。用利刃自病斑起将 0.5cm 宽的完好皮层一同刮除，刮口成“长梭”状，边缘平滑完整，切不可留下病斑组织。用 50%甲基托布津可湿性粉剂 50 倍液或 5～10°Bé 石硫合剂，对刮口进行涂抹消毒，然后刷波尔多液保护伤口。刮口涂药后，用布条或深色塑料条包扎刮口，以利伤口愈合。将刮下的病斑组织集中收集，运出林地烧毁。

③入冬前树干涂抹白涂剂，预防冻害而招致病菌入侵。

4. 核桃炭疽病

【发病情况】 主要危害果实，叶片、芽及嫩梢上时有发生。一般病果率 20%～40%，严重时高达 90%。果实染病先在绿色的外果皮上产生圆形至近圆形黑褐色病斑，后扩展并深入果皮，中央凹陷，内生许多黑色小点，散生或排列成轮纹状，雨后或湿度大时，黑点上溢出粉红色的黏质状物，即病菌分生孢子盘和分生孢子。叶片染病产生黄褐色近圆形病斑，上生小黑粒。

【病原】 有性态 *Glomerella cingulata*（Stonem.）Spauld. et Schrenk，称围小丛壳，属子囊菌门真菌。无性态为 *Colletotrichum gloeosporioides*（Penz.）Sacc. 称胶孢炭疽菌，属半知菌类真菌。

【传播途径及发病条件】 病菌以菌丝、分生孢子在病果、病叶或芽鳞中越冬，翌年产生分生孢子借风雨或昆虫传播，从伤口或自然孔口侵入，发病后产生孢子团借雨水溅射传播，进行多次再侵染。一般雨日多、湿度大、通风透光不良易发病。品种间抗病性不同：新疆的阿克苏、库车丰产薄壳类型易染病，晚熟种发病轻。

【防治方法】 ①注意清除病僵果、病枝叶，集中深埋或烧毁，可减少菌源。

②选用丰产抗病品种。种植新疆核桃时，株行距要适当，不可过密，保持良好通风。

③6～7 月发现病果及时摘除并喷洒 1∶2∶200 倍式波尔多液，发病重的核桃园于开花后喷洒 25%炭特灵可湿性粉剂 500 倍液、或 50%“使百克”可湿性粉剂 800 倍液、或 50%施保功可湿性粉剂 1000 倍液，隔 10～15 天 1 次，连续防治 2～3 次。

（二）主要虫害及其防治

为害核桃的虫害主要有核桃举肢蛾、山核桃天幕毛虫、核桃小吉丁虫、刺蛾、云斑天牛、银杏大蚕蛾、尺蠖、介壳虫等。

1. 核桃举肢蛾

【为害特点】 幼虫为害核桃果实和种仁，受害果变黑皱缩，引起早期落果。一年发生 1～2 代，以老熟幼虫在树冠下 1～3cm 深土中或杂草、石块、枯叶中结茧越冬，6～7 月化蛹，产卵于两果相接处或叶柄上，幼虫蛀入果实为害，8 月为脱果盛期。

【防治方法】 采用树上防治与树下防治相结合的方法。

①冬春细致耕翻树盘，消灭越冬虫蛹；8上旬摘除树上被害虫果并集中处理。

②成虫羽化出土前可用50%辛硫磷乳剂200～300倍液在树下土壤喷洒，然后浅锄或盖上一层薄土。

③成虫产卵期每10～15天向树上喷洒一次速灭杀丁2000倍液。

2. 山核桃天幕毛虫

【为害特点】 一年发生1代，以小幼虫在卵壳内越冬。春季花木发芽时，幼虫钻出卵壳，为害嫩叶，以后转移到枝杈处吐丝张网，1～4龄幼虫白天群集在网幕中，晚间出来取食叶片，5龄幼虫离开网幕分散到全树暴食叶片，5月中下旬陆续老熟于叶间杂草丛中结茧化蛹。6～7月为成虫盛发期，羽化成虫晚间活动，产卵于当年生小枝上，幼虫胚胎发育完成后不出卵壳即越冬。

【防治方法】 ①人工防治：结合冬季修剪彻底剪除枝梢上越冬卵块，集中销毁。春季幼虫在树上结的网幕显而易见，用火烧毁。在幼虫分散以前，及时捕杀。分散后的幼虫，可振树捕杀。

②物理防治：成虫有趋光性，可在果园里放置黑光灯或高压汞灯防治。

③生物防治：用卵寄生蜂防治，将卵块放入天敌保护器中，使卵寄生蜂羽化飞回果园。

④药物防治：常用药剂为80%敌敌畏乳油1500倍液、或90%晶体敌百虫1000倍液、或50%辛硫磷乳油1000倍液、或50%杀螟松乳油1000倍液、或50%马拉硫磷乳油1000倍液等。

3. 核桃小吉丁虫

【为害特点】 又名串皮虫，以幼虫在枝干的皮层内螺旋状取食，被害处枝肿大，表皮变为黑褐色，直接破坏输导组织，导致大枝脱水干枯，严重时全株枯死。是为害核桃的主要害虫。

【防治方法】 ①加强栽培管理，增强树势的抗虫力，采后至落叶前结合修剪剪除受害枝条，集中烧掉。

②成虫发生期喷洒 25％西维因可湿性粉剂 500 倍液、或 80％敌敌畏乳剂 800 倍液、或 2.5％溴氰菊酯乳剂 4000 倍液。

防治此虫最经济有效的办法是：4 月中旬至 5 月中旬，或果实采收之际，彻底剪除干枝（略带一段活枝），并集中烧毁，以消灭枝条上的害虫。

4. 刺蛾

【为害特点】 俗称洋辣子、刺八角。常见的有黄刺蛾、福刺蛾、绿刺蛾和扁刺蛾。以初龄幼虫取食叶面下表皮和叶肉，仅留表皮呈网状透明斑。我国南方每年发生 1～2 代，6 月初出现成虫于叶背产卵，7 月中旬至 8 月上旬孵化出幼虫开始为害叶片；8 月下旬老熟幼虫结茧越冬。

【防治方法】 ①秋季结合修剪铲出虫茧并深埋，成虫出现期（6 月上中旬）每天用黑光灯诱杀成虫。摘除群集为害的虫叶并立即埋掉或将幼虫踩死。

②幼虫为害严重时，在幼虫发生期喷洒 25％亚胺硫磷乳油 600 倍液或 2.5％溴氰菊酯乳剂 5000 倍液。

5. 云斑天牛

【为害特点】 云斑天牛又名核桃大天牛。幼虫在树皮层及木质部钻蛀隧道，凡受害树大部分枯死，是核桃树毁灭性的害虫。

【生物学特性】 云斑天牛二年 1 代，以成虫和幼虫在树干内过冬，成虫于 5 月上旬开始钻出，啃食核桃当年生枝条的嫩皮，约食害 30～40 天，开始交配、产卵。成虫寿命最长达 3 个月。卵多产在树干离地面 2m 以内处。产卵时在树皮上咬成长方形或椭圆形的刻槽，将卵产于其中，一处产卵 1 粒。卵经 10～15 天孵化，幼虫孵化后，先在皮层下蛀成三角形蛀痕，幼虫入孔处有大量粪屑排出，树皮逐渐外胀纵裂，被害状极为明显。幼虫在边材为害一个时期，即钻入心材，在虫道中过冬。来年 8 月在虫道顶端作一蛹室化蛹，9 月羽化为成虫，即在其中过冬。第三年核桃树发枝后，成虫从树干上咬一圆孔钻出，每只成虫产卵 20 粒左右。

【防治方法】 ①该虫产卵部位低，产卵痕迹明显，可用木槌敲击，杀死卵或小幼虫。

②该虫排泄孔明显，可用铁丝刺杀幼虫，并及时用药塞虫孔，毒死虫卵和幼虫。

③用白涂剂涂白树干，可防产卵，对卵及小幼虫也有一定的杀伤效果。

④幼虫期可用棉花浸蘸 80%敌敌畏乳油，塞入蛀孔，再以黄泥封口。8 月树上喷 40%杀虫净 500 倍液，防治率可达 90%以上。

⑤利用成虫趋光性和假死性，用灯光诱到树下捕杀。

6. 银杏大蚕蛾

【为害特点】 银杏大蚕蛾又名核桃大蚕蛾、白果蚕，俗称白毛虫，属鳞翅目大蚕蛾科胡桃大蚕蛾属。银杏大蚕蛾以幼虫取食叶片，由于幼虫食量大，大发生时可将整株叶片全部吃光，造成树冠光秃，影响树木正常生长，甚至造成死亡。

【生物学特性】 银杏大蚕蛾一年 1 代，以卵越冬。3 月底到 4 月初核桃树萌芽展叶时卵开始孵化幼虫，1 龄幼虫即上树群集为害嫩叶。幼虫一般 7 龄，少有 8 龄，每个龄期约 1 周，整个幼虫期约 60 天。4 月中旬进入 2 龄期，4 月下旬至 5 月中旬为 3～5 龄期，食量增加，5 龄幼虫食量最大，占全部取食量的 70%以上，为害最重。进入 6 月上中旬幼虫老熟后即爬至 1～3m 高的灌木枝干、矮墙或石缝中结茧，蜕皮化蛹。8 月底、9 月初羽化成虫，成虫期约 10 天，交尾产卵后死亡，卵堆积在一起越冬。银杏大蚕蛾大多于傍晚羽化，一般于白天取食；在南方，中午日照强烈时，幼虫有向下转移以避高温的习性。

【防治方法】 ①灯光诱杀：利用成虫的趋光性，在成虫羽化盛期（9月上中旬）用黑光灯诱杀，效果甚好。

②药剂涂干：秋、冬季在树干基部（从地面到树干 1.5m 处）用白涂剂涂干，可消灭卵块。

③人工除治：在卵期（10 月至次年 3 月），根据其产卵地点选择性强、卵期长、卵块集中并易于清除的特点，在银杏大蚕蛾大发生时，组织人力清除卵块，如：冬季结合树木修剪刮树皮，铲除附在上面的卵块，可减少越冬虫卵。在蛹期，利用银杏大蚕蛾幼虫缀叶结茧化蛹的特性，可在核桃树下周围的灌木杂草上拾拣银杏大蚕蛾缀叶茧蛹，然后集中销毁。

④药剂防治：幼虫期喷洒 90％敌百虫 1500～2000 倍液、或 50％敌敌畏 1500～2000 倍液、或鱼藤精 800 倍液、或 25％杀虫双 500 倍液，防治效果均好。对 3 龄幼虫进行防治效果尤其明显。

⑤生物防治：第一，以菌治虫。在幼虫孵化高峰期，用 600～800 倍苏云金杆菌 8000IU/mg 可湿性粉剂喷雾或用白僵菌粉进行防治。第二，保护和利用昆虫天敌。银杏大蚕蛾天敌众多，蛹期有寄生蜂、寄生蝇等多种寄生性天敌，幼虫期有喜鹊、大山雀、画眉、大蜘蛛、大蚂蚁等多种捕食性天敌，因此，要注意保护和利用，如：在雌蛾产卵期，人工释放赤眼蜂等，可以使 80％以上的卵块消灭于孵化之前。

八、采收、储藏及加工技术

（一）采收

通常 9 月上中旬核桃外部特征为总苞果皮由绿色变黄色或黄绿色，部分果实顶部出现裂缝，青果皮易剥离时即成熟，可适时采收；受精不良等原因造成的空果不易分离，可以此区别优劣果实。为了保证核桃坚果的产量和品质，应在坚果充分成熟时及时采收；采收过早，总苞不易剥离，出仁率和出油率均降低。核桃采收多采用人工打落法。

（二）果实处理

1. 脱皮水选

（1）脱青皮。将采下的核桃果实堆放在场地上，堆高 30～50cm，上用湿草席等覆盖，经 3～5 天堆沤，用棍轻击，青皮即可脱落；也可用 40%乙烯利 500～1000 倍液浸泡未脱皮的核桃，堆放 24 小时，再用棍敲打，青皮极易脱落；量大时可用电动脱壳机脱壳。

（2）漂白和水选。为满足国内外市场的需要，核桃坚果脱青皮后需要进入水选和漂白工序，即将果实倒入盛满水的较大的容器（如大木桶）内，捞去浮在水面上的空籽果实、瘪粒，洗净壳面泥土和黑污，倒入漂白粉，待变黄白色时捞起，及时用水冲洗，并立即漂白，再用清水冲洗干净，摊放席箔上晾干。脱苞后的坚果要立即用蒸煮脱涩，核桃上蒸笼，用大火蒸 8 分钟取出，立即倒入冷水中浸泡 3 分钟，捞出后逐个破壳即可取出完整核桃仁。及时烘干，否则很易变质。

2. 果实脱涩

（1）家庭脱涩法。将经水选后晾干水分的核桃果置于一上小下大的特制木桶内，置于蒸锅上，蒸锅内放满水，用火蒸 5～7 小时，再取出晒 3～4 天或烘干后即为完全脱涩，此时的果实即可直接食用或作为加工原料。

（2）高压脱涩。把经过果实处理的山核桃放入蒸汽桶内，保持 0.1MPa 的热气压力，蒸 1～1.5 小时，待蒸出的核桃肉色为淡红色，肉断切面微白，无涩味即为脱涩完成。

（3）山核桃仁脱涩。先进行手工破壳（内果壳）取仁，再把选取好合格的核桃仁放在水缸中，每缸 30kg 左右，加入去涩剂，用 100℃开水浸泡 10～15 分钟，取出后用清水把残留的涩味和黄水冲洗干净，而后放到不锈钢蒸厢内蒸 15 分钟，彻底除掉涩味，蒸制时蒸汽压力控制在 0.05MPa 内。

3. 包装运输

当核桃仁变脆、断面洁白，隔膜易碎裂时，即分级包装，并置于干燥通风处收藏。不能及时处理的坚果，应薄薄地摊在室内通风处阴干。晾干时应勤加翻动，避免背光面发黄，影响品质。贮藏期间经常检查，注意防潮和防止鼠害。遇有个别霉烂变质时，要取出晾晒。

（三）核桃加工

1. 奶油山核桃加工

（1）把蒸好合格的山核桃放入炒锅滚炒 15～25 分钟，山核桃出现 1mm 左右的裂纹时取出，开裂纹的山核桃要保持 96%以上。

（2）把开裂纹的山核桃立即放入有食盐、桂皮、茴香、甜味剂、奶油香等按比例配制的配料水池里浸泡 8～10 分钟，等配料水渗入山核桃内后将其取出，沥干配料水。

（3）沥干配料水的山核桃放入炒锅滚炒 30～50 分钟，待山核桃肉出现微白并带有微黄色时即为炒好标准，取出倒在半成品工作台凉冷。在炒制过程中要注意控制炒锅内的温度，前期温度稍高，后期温度稍低，并使山核桃外表保持油光，严防炒焦。

（4）把炒好的山核桃取出倒在半成品工作台上冷却，等果实外表温度降至用手可以触摸时，用小型喷雾器均匀地喷上已事先配好的奶油香料。选去破籽、芽籽、油籽，用半成品机械筛去小籽、杂质及外表盐粉。炒制好的奶油山核桃必须外表光滑，微咸，甜度和奶油味适中，干燥程度达到松脆、香脆可口，即可入袋包装。

2. 椒盐山核桃加工

（1）将蒸好的山核桃放入炒锅滚炒 15～25 分钟，山核桃出现 1mm 左右的裂纹时取出，开裂纹的山核桃要保持 95%以上。

（2）把有开裂纹、带热的山核桃立即放入食盐、桂皮、茴香、甜甘草的配料水池里，浸泡 8～15 分钟，待配料水渗入山核桃内后将其取出，沥干配料水。

（3）沥干配料水的山核桃放入炒锅滚炒 30～50 分钟，待山核桃肉出现微白，并带有微黄色时即为最好标准，取出倒在半成品工作台凉冷。在炒制过程中要注意控制炒锅内的温度，前期温度稍高，后期温度稍低，并使山核桃外表保持光滑，严防炒焦。

（4）把炒好的山核桃取出，倒在半成品工作台上冷却。选去破籽、芽籽、油籽，用半成品机械筛去小籽、杂质及外表盐粉。炒制好的椒盐山核桃必须外表光滑，咸味适中，干燥程度达到松脆，香脆可口，即可入袋包装。

3. 山核桃仁加工

将去除涩味的山核桃仁放入不锈钢搅拌机内搅拌，并将白砂糖、食盐、桂皮、茴香的去渣料水加入搅拌机内搅拌 15～20 分钟，搅拌时要保持合理的高温状态，以便料水彻底熔化进入山核桃仁内，搅拌好的山核桃仁保持淡黄色。把搅拌好的山核桃仁取出，放入塑料盒内用微波杀菌干燥机烘干；烘干后的山核桃仁应松脆清香，颜色淡黄，微光亮，冷却后筛去碎仁即可入袋包装。

参考文献

[1] 何方. 中国经济林名优产品图志 [M]. 北京：中国林业出版社，2001

[2] 中南林学院. 经济林栽培学 [M]. 北京：中国林业出版社，1983

[3] 中国标准出版社编辑室. 中华人民共和国标准　板栗 [M]. 北京：中国标准出版社，1993

[4] 王琪，崔建华. 农产品深加工技术 2000 例（中册）[M]. 北京：金盾出版社，2000

[5] 余本付. 安徽省乡土树种造林技术 [M]. 北京：中国林业出版社，2007

[6] 郭起荣. 南方主要树种育苗关键技术 [M]. 北京：中国林业出版社，2011

[7] 温陟良，丁平海，杜国强. 柿·核桃·板栗高效栽培技术 [M]. 石家庄：河北科技出版社，2009

[8] 张铁如. 板栗无公害高效栽培 [M]. 北京：金盾出版社，2009

[9] 张玉杰，于景华. 板栗丰产栽培、管理与贮藏技术 [M]. 北京：科学技术文献出版社，2011

[10] 欧林漳. 板栗优质丰产栽培 [M]. 广州：广东科技出版社，2013

[11] 高本旺. 核桃种植新技术 [M]. 武汉：湖北科学技术出版社，2011

[12] 曹尚银. 优质核桃规模化栽培技术 [M]. 北京：金盾出版社，2010

[13] 郗荣庭，丁平海. 核桃优质丰产栽培 [M]. 北京：中国农业大学出版社，1998

[14] 李建宗，陈三茂，林亲众. 湖南植物志（第一、第二、第三卷）[M]. 长沙：湖南科学技术出版社，1998

[15] 姜芸，夏合新，龙应忠. 湖南省适生造林树种栽培实用技术 [R]. 长沙：湖南省林地测土配方信息系统资料汇编，2013

[16] 中国树标编委会. 中国主要树种造林技术 [M]. 北京：农业出版社，1975

[17] 吴裕云. 农村科技致富实用新技术 [R]. 吉首：湘西自治州科学技术局，2003

[18] 百度百科. 板栗，核桃 [EB/OL]. 百度网